DIE STRÖMUNG IN RÖHREN

und die

Berechnung weitverzweigter Leitungen und Kanäle

mit Rücksicht auf

Be- und Entlüftungsanlagen, Grubenbewetterung, Gastransport, pneumatische Materialförderung etc.

Von

Dr.-Ing. VIKTOR BLAESS
Regierungsbaumeister
Privatdozenten an der Großh. Techn. Hochschule Darmstadt

Tafelband

Verlag von R. Oldenbourg in München und Berlin
1911

Einrichtung und Gebrauch des Rohratlasses.

Der Rohratlas dient zur Berechnung einfacher, zusammengesetzter und verzweigter Rohrleitungen und Kanäle beliebiger Querschnitte, zur Förderung von insbesondere atmosphärischer Luft und von Gasen. Er besteht aus 85 Tafeln und umfaßt die zugeordneten Rohrdurchmesser von 70 mm bis 4000 mm in anfangs engen, dann weiteren Abständen.

Die Einrichtung stützt sich auf den Begriff der äquivalenten Weite F_{ae} (S. 27)[1]), wonach, falls diese in qm für eine beliebige Leitung bekannt und der Druck H in mm W.S. gegeben ist, durch die einfache Beziehung $Q_{\text{cbm/min}} = 60\, F_{ae} \sqrt{\frac{2\,g\,H}{\gamma}}$ (für atmosph. Luft: $Q_{\text{cbm/min}} = 240\, F_{ae} \sqrt{H}$) die gesamte Strömung leicht ermittelt werden kann. Jede Tafel enthält die gleiche Kurvenschar (ausgezogene Linien), die durch horizontale Verschiebung einer und derselben Kurve erzeugt ist, ferner eine hierzu spiegelig gelegte (strichpunktierte) Kurve derselben Art (S. 58). Längs der Abszissenachse sind die äquivalenten Längen (S. 63 und 110) eines Leitungsstranges in m angegeben, während in der Ordinatenachse die äquivalente Weite oder Fläche F_{ae}, bzw. die gleichwertige Rohrmündungsweite F_a in qm aufgetragen sind, und zwar von einem Drittel des betreffenden Rohrquerschnittes ab bis zu dessen doppelten Fläche.

I. Die äquivalente Weite der Reibungswiderstände.

a) Bei einem einfachen und zunächst zylindrischen Rohr vom Durchmesser D in m, bzw. Querschnitt F in qm und der Länge l in m, das keine Ein- und Austrittsverluste, sondern nur gleichmäßig auf seine Länge verteilte Reibungswiderstände besitzt, ist die mit F_ϱ bezeichnete äquivalente Weite der Reibung (S. 30)

$$F_\varrho = F \sqrt{\frac{D}{\lambda\, l}},$$

wo λ einen Reibungskoeffizienten bedeutet, der für mittlere Verhältnisse auf den Tafeln rechts oben angegeben ist.

[1]) Die Zahlen verweisen auf die Seiten des Textbandes.

Mit Hilfe der strichpunktierten Linie kann F_ϱ bei gegebenem Durchmesser D und gegebener Rohrlänge l unmittelbar abgelesen werden, da beide als Koordinaten diese Kurve bestimmen (S. 60).

Beispiel. Für ein Rohr von 200 mm Durchmesser und einer Länge $l = 14$ m findet sich auf dem entsprechenden Kurvenblatte $F_\varrho = 0{,}0280$ qm. Unter der obigen Bedingung, daß keine Ein- und Austrittswiderstände vorhanden sind (S. 29), wird bei einer vorhandenen Pressung von z. B. $H = 25$ mm W.S. ein Luftquantum $Q = 240\, F_\varrho \sqrt{H} = 240 \cdot 0{,}0280 \cdot \sqrt{25} = 33{,}6$ cbm/min gefördert. — Dient dieselbe Leitung dagegen zum Fördern von Wassergas, dessen spez. Gewicht $\gamma = 0{,}71$ kg/cbm beträgt, und ist die Größe λ die gleiche wie bei Luft, so fließt bei $H = 25$ mm W.S. eine Menge hindurch $Q = 60\, F_\varrho \sqrt{\frac{2\,g}{\gamma} H} = 60 \cdot 0{,}0280 \cdot \sqrt{\frac{2 \cdot 9{,}81}{0{,}71} 25} = 44{,}1$ cbm/min.

b) Ist eine Rohrlänge l auf dem Kurvenblatt nicht mehr abzulesen, so wählt man beliebig eine kürzere Länge l' und teilt den dieser entsprechenden Wert F_ϱ' durch $\sqrt{\frac{l}{l'}}$. Der Grund läßt sich leicht aus der obigen Beziehung für F_ϱ einsehen.

Beispiel. Für ein Rohr von 200 mm Durchmesser und einer Länge $l = 126$ m ist deshalb und dem vorigen Beispiel zufolge $F_\varrho = F_\varrho' : \sqrt{\frac{l}{l'}} = 0{,}0280 \sqrt{\frac{1}{9}} = 0{,}0093$ qm.

II. Die äquivalente Weite $F_{ae} = F_\varrho \sim F_a$.

Gewöhnlich ist bei einem Leitungsstrang außer dem Reibungsverlust noch ein Ein- bzw. Austrittswiderstand zu überwinden, sei es, daß am Anfang oder am Ende eine druckverzehrende Düse angeschlossen ist, sei es, daß das Rohr hinter einen anderen Strang oder bei einer Zweigleitung hinter mehrere Stränge zugleich geschaltet ist. Hat nun ein zylindrisches Rohr von der Länge l in m, das am einen Ende völlig widerstandsfrei ist, am andern Ende eine Mündung F_a in qm, welche den hier noch zu überwindenden Widerständen entspricht, so ist die äquivalente Weite am Anfang des Rohres (S. 33)

$$F_{ae} = F_\varrho \backsim F_a.$$

a) Man findet F_{ae} direkt aus den Tafeln, indem man mit der Länge l als Abszisse und dem gegebenen Querschnitt F_a als Ordinate einen Punkt festlegt und den Schnitt der durch diesen hindurchgehenden Scharkurve mit der Ordinatenachse aufsucht, wodurch F_{ae} bestimmt ist.

Beispiel. Ein 410 mm starkes Rohr von 50 m Länge hat eine Ausflußöffnung von 0,1000 qm. — Dem entsprechenden Kurvenblatt zufolge ist $F_{ae} = 0{,}0700$ qm. Um z. B. durch dieses Rohr 120 cbm/min atmosphärische Luft zu fördern, ist eine Pressung nötig von $H = \left(\frac{Q}{240\, F_{ae}}\right)^2 = \left(\frac{120}{240 \cdot 0{,}07}\right)^2 = 51$ mm W.S. Für ein Gas vom spez. Gewicht $\gamma = 0{,}45$ kg/cbm ergibt sich unter derselben Voraussetzung eine Pressung

$$H = \left(\frac{Q}{60\, F_{ae}\sqrt{\frac{2\,g}{\gamma}}}\right)^2 = \left(\frac{120}{396 \cdot 0{,}07}\right)^2 = 18{,}8 \text{ mm W. S.}$$

b) Ist die Länge l größer, als auf dem Kurvenblatt abzulesen ist, so unterteilt man diese beliebig in l_1, l_2 etc., sucht zunächst die äquivalente Weite F_{ae}' von l_1 und F_a, alsdann diejenige von l_2 und F_{ae}' etc., bis die Länge l erreicht ist (S. 62).

Beispiel. Ein 620 mm starkes Rohr mündet auf eine Länge von 140 m glatt aus; gesucht ist die äquivalente Weite. — Da nur 103 m abzulesen sind, teilt man die Länge z. B. in 50 m und 90 m oder in zweimal 70 m etc. Im ersteren Fall ist bei 50 m $F_{ae}' = 0{,}2060$ qm und damit die gesuchte Weite, indem man jetzt von der Länge $l = 90$ m und dem „scheinbaren" Auslaß 0,2060 qm ausgeht, $F_{ae} = 0{,}1470$ qm.

c) Liegt ein Rohrstrang vor von solcher Länge, bzw. Widerstand, daß dessen äquivalente Weite kleiner ist, als zirka ein Drittel des Rohrquerschnitts, so würde die notwendige vielfache Unterteilung der Rohrlänge zeitraubend und ungenau sein. Man bestimmt dann besser F_ϱ für sich nach **Ib** und schaltet F_a dahinter. Die Ausrechnung kann mit Rechenschieber oder graphisch (S. 36) erfolgen, einfacher geschieht dies mit Hilfe eines anderen Kurvenblattes (S. 62).

Beispiel. Gesucht ist die äquivalente Weite eines Rohres von 360 mm Durchmesser bei einer Länge von 500 m, wenn sich am Ende eine Mündung von 200 mm Durchmesser befindet. — Auf dem Kurvenblatt für 360 mm ist z. B. bei dem 25. Teil der obigen Länge, also bei $l' = 20$ m, die reine Rohrreibungsweite $F_\varrho' = 0{,}1095$ qm; demnach $F_\varrho = \frac{0{,}0195}{\sqrt{25}} = 0{,}0219$ qm. Dahinter ist jetzt $0{,}2^2 \frac{\pi}{4} = 0{,}0314$ qm zu schalten, was auf einem beliebigen, diese Querschnitte enthaltenden Kurvenblatt, z. B. dem für 190 mm Rohrdurchmesser, leicht geschehen kann: Man sucht mittels der strichpunktierten Kurve die reine Reibungslänge zu 0,0219 qm, also $l_\varrho = 17{,}3$ m und betrachtet hinter diese Rohrlänge die Mündung von 0,0314 qm geschaltet, was nach **IIa** die gesuchte Weite $F_{ae} = 0{,}0180$ qm liefert.

Diese graphische Lösung der Gleichung $F_{ae} = F_1 \backsim F_2$ kann auch für andere Zwecke durchgeführt werden, wobei die Beziehung gelegentlich von Vorteil ist, daß auch $\varepsilon F_{ae} = \varepsilon F_1 \backsim \varepsilon F_2$ (S. 88). — Zur Abkürzung ist zu bemerken, daß, wenn F_1 hinter eine solche Weite F_2 geschaltet wird, welche mehr wie sechsmal größer ist wie F_1, mit praktischer Genauigkeit $F_{ae} = F_1 \backsim 6\, F_2 = F_1$ ist, da der Fehler weniger wie $1^1/_2$ % beträgt (S. 36).

III. Die äquivalente Länge.

Anstatt die Länge des gestreckten Rohres in die Rechnung einzuführen, ist es oft von Vorteil, entweder zu dieser einen Zuschlag zu geben, um Einzelwiderstände, wie Krümmer etc., in einfacher Weise zu berücksichtigen, oder die Rohrlänge proportional zu verändern, um anderen Reibungskoeffizienten λ' gerecht zu werden.

a) Für normale Krümmer (S. 63) ist die diesen äquivalente Rohrlänge $l_{ae} = 10\, D$, wobei l und D in m zu messen sind.

Beispiel. Ein 80 m langes Rohr von 320 mm Durchmesser besitzt 4 normale Krümmer. Demnach entspricht dieses in bezug auf den Reibungsverlust einem völlig geraden Rohr von der Länge

$$l = 80 + 4 \cdot 10 \cdot 0{,}32 = 92{,}8 \text{ m}.$$

b) Der Reibungskoeffizient wächst mit größerer Rauheit der Leitung, und er ändert sich (um ein geringes), wenn an Stelle von atmosphärischer Luft irgendwelche Gase, wie Wassergas, Leuchtgas etc. gefördert werden. Ist λ' ein anderer wie der hier zugrunde gelegte Reibungskoeffizient λ, welcher ungefähr mittleren Verhältnissen entspricht, so führt man einfach an Stelle der Rohrlänge l eine solche ein $l_{ae} = \frac{\lambda' l}{\lambda}$ (S. 110).

Beim Transport von Luft zusammen mit festen Körpern (pneumatische Materialförderung etc.) erhöht sich λ stets mit größerem Mischungsverhältnis.

Beispiel. Welche Länge müssen ungefähr die einzelnen Stränge einer Spänetransportanlage haben, um den Verhältnissen bei reiner Luftförderung zu entsprechen? — Die, die größere Reibung berücksichtigende Länge ist $l_{ae} = \left(1 + \frac{\gamma'}{\gamma}\, m\right) l$, wo m das Mischungsverhältnis bedeutet, γ und γ' die spez. Gewichte der Luft bzw. des Materials sind (S. 110).

Abgesehen von den genannten Einflüssen ändert sich ferner der Reibungskoeffizient mit der Durchflußgeschwindigkeit: bei geringerer Geschwindigkeit wird er größer und umgekehrt.

IV. Die Berechnung eines Leitungsstranges von beliebigem Querschnitt.

Hat eine Leitung nicht wie bisher runden, sondern beliebigen Querschnitt F in qm bei einem Umfang U in m, so bestimmt man den Durchmesser des zugeordneten kreisrunden Rohres $D_z = \frac{4F}{U}$ (S. 77), sucht im Atlas dessen äquivalente Weite der Reibung auf und multipliziert diese, um F_ϱ zu erhalten, mit $\frac{U}{D_z \pi}$ (S. 80). Ist, wie gewöhnlich, noch ein Widerstand vorgeschaltet von der Weite F_a, so kann entweder $F_{ae} = F_\varrho \sim F_a$ nach früheren gefunden werden, oder direkt, indem man F_a durch Division mit $\frac{U}{D_z \pi}$ auf das zugeordnete Rohr bezieht, alsdann die zugeordnete äquivalente Weite nach **IIa** im Atlas aufsucht und diese mit $\frac{U}{D_z \pi}$ multipliziert.

Beispiel. Hinter einen 120 m langen, rechteckigen Kanal von 1500 mm Höhe und 800 mm Breite ist ein Widerstand von 1,25 qm äquivalenter Fläche geschaltet; es ist bei normaler Rauhigkeit die resultierende äquivalente Weite gesucht. — Der zugeordnete Durchmesser ist

$$D_z = \frac{4F}{U} = \frac{4 \cdot 1,2}{4,6} = 1,045 \text{ m},$$

und die zugeordnete Austrittsfläche ist

$$F_{az} = F_a : \frac{U}{D_z \pi} = \frac{1,25}{1,395} = 0,897 \text{ qm}.$$

Benutzt man das Kurvenblatt für 1050 mm Durchmesser, so findet man bei $l = 120$ m und $F_a = 0,897$ qm die dem Kanal zugeordnete äquivalente Weite $F_{aez} = 0,547$ qm und damit durch Multiplikation mit $\frac{U}{D_z \pi} = 1,395$ die gesuchte Weite $F_{ae} = 0,763$ qm.

V. Die Berechnung einer verzweigten Leitung.

Handelt es sich um die rechnerische Untersuchung einer gegebenen Zweigleitung (S. 49 u. 65) oder um die Dimensionierung eines weitverzweigten Stranges (S. 103), so ist, unter Berücksichtigung des oben und im Textband für die einzelnen Stränge Gesagten, im wesentlichen zu beachten, daß die Summe der äquivalenten Weiten der in einem Verzweigungspunkt zusammenlaufenden Teilstränge die scheinbare Mündungsweite (S. 56) des hier angeschlossenen Hauptstranges ist, so daß nach **II** die äquivalente Weite des Zweiges bestimmt werden kann. Dem Rohrplan sinngemäß folgend, ergibt sich hiernach die Gesamtäquivalenz. — Die aus dieser und der Pressung folgende Gesamtmenge verteilt sich alsdann am ersten Verzweigungspunkt im Verhältnis der äquivalenten Weiten der einmündenden Stränge usf.

Eine Überdruckleitung in dem Sinne, daß der Fluß aus den Hauptsträngen in die Nebenstränge erfolgt, kann unter Berücksichtigung der Carnotschen Widerstände an den Zweigstellen (S. 54) unmittelbar berechnet werden. — Bei einer Unterdruckleitung, bei welcher die Bewegung in umgekehrter Richtung erfolgt, ist die Berechnung wegen der „Injektorwirkung“ (S. 51) zunächst nur durch Annäherung möglich, derart, daß man den Einfluß der letzteren vernachlässigt und diese Leitung sinngemäß als umgekehrte Druckleitung betrachtet (S. 68).

Rohrdurchmesser 70 m/m

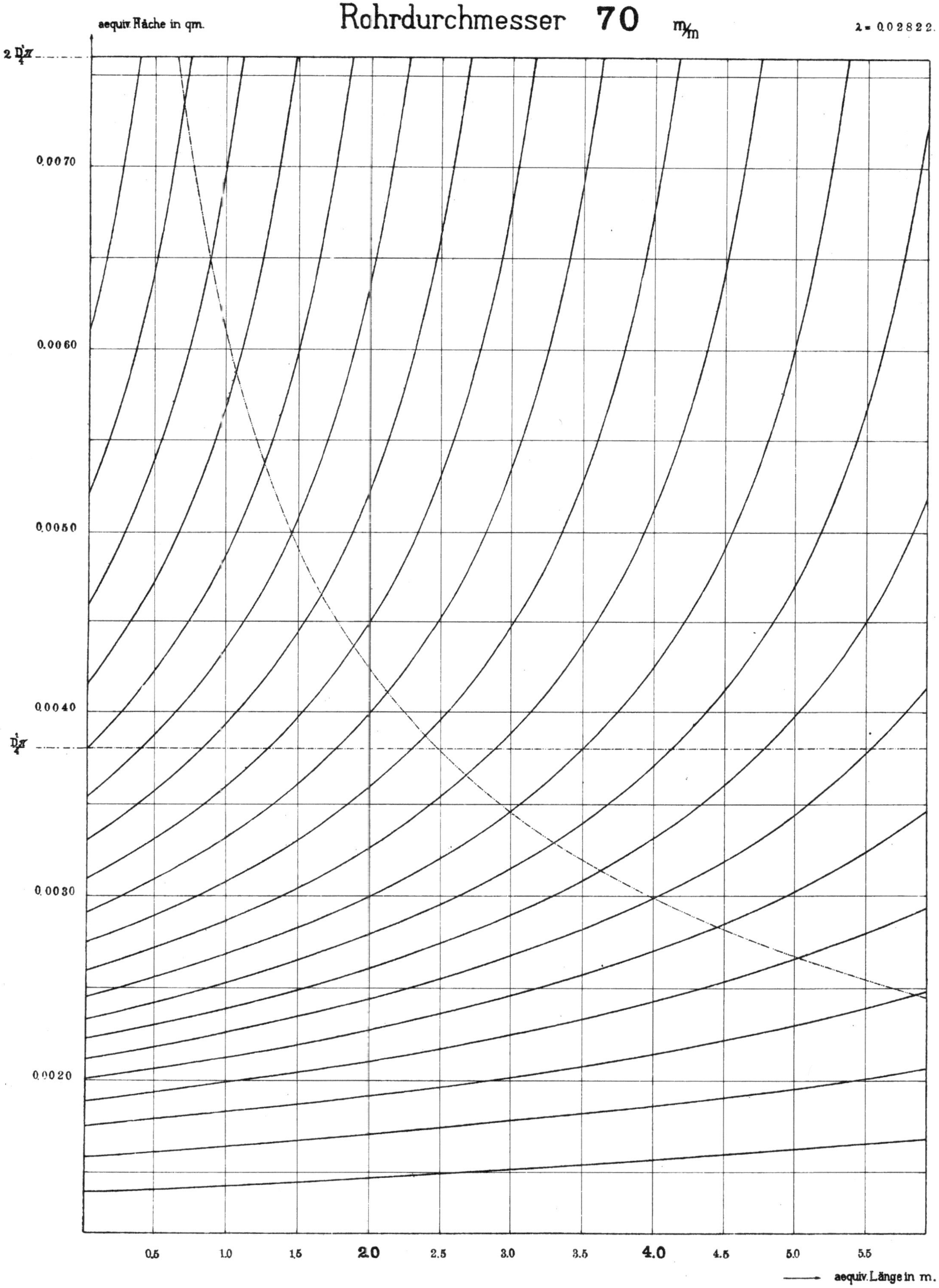

Rohrdurchmesser 80 m/m

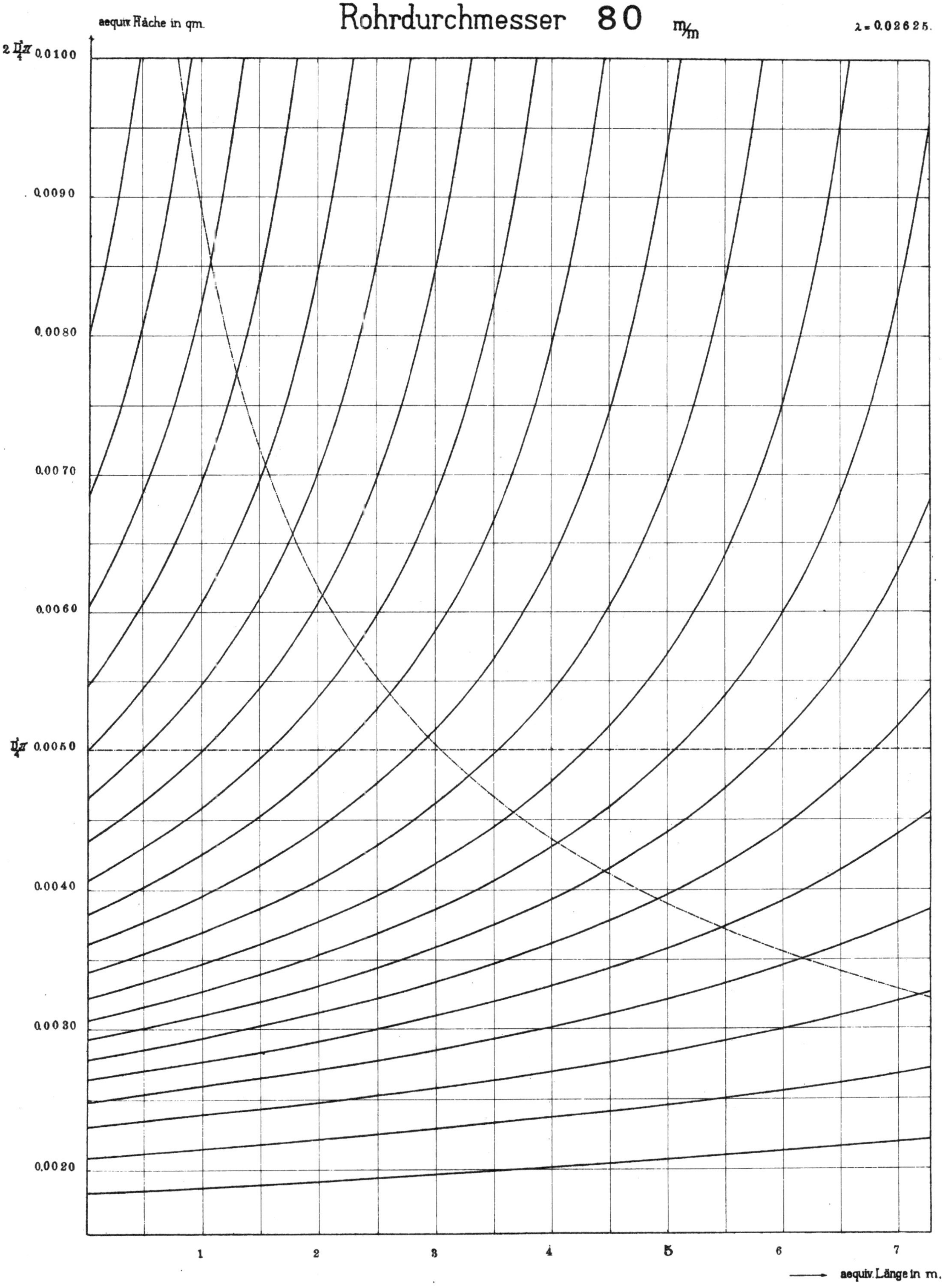

Rohrdurchmesser 90 m/m

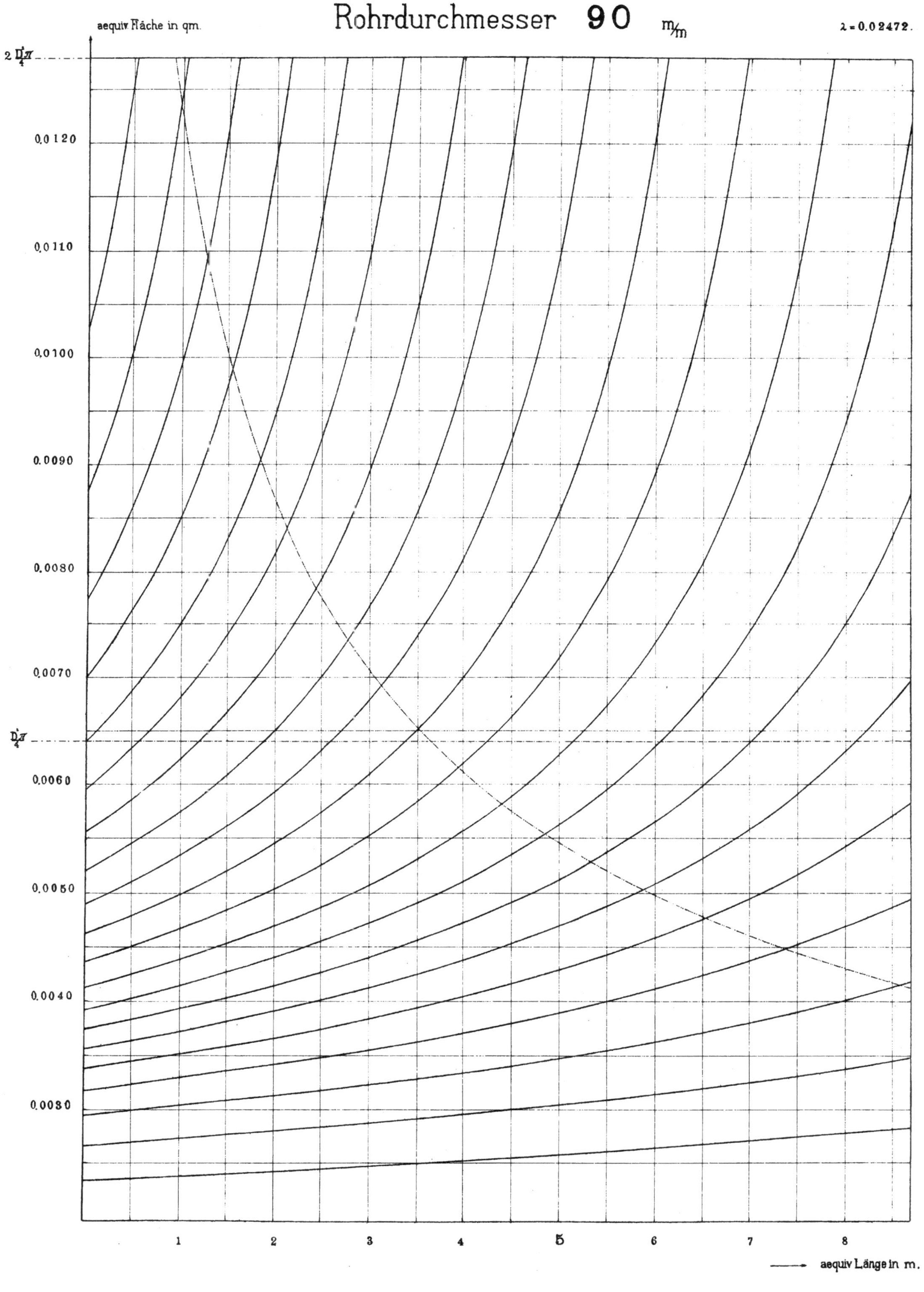

Rohrdurchmesser 100 m/m

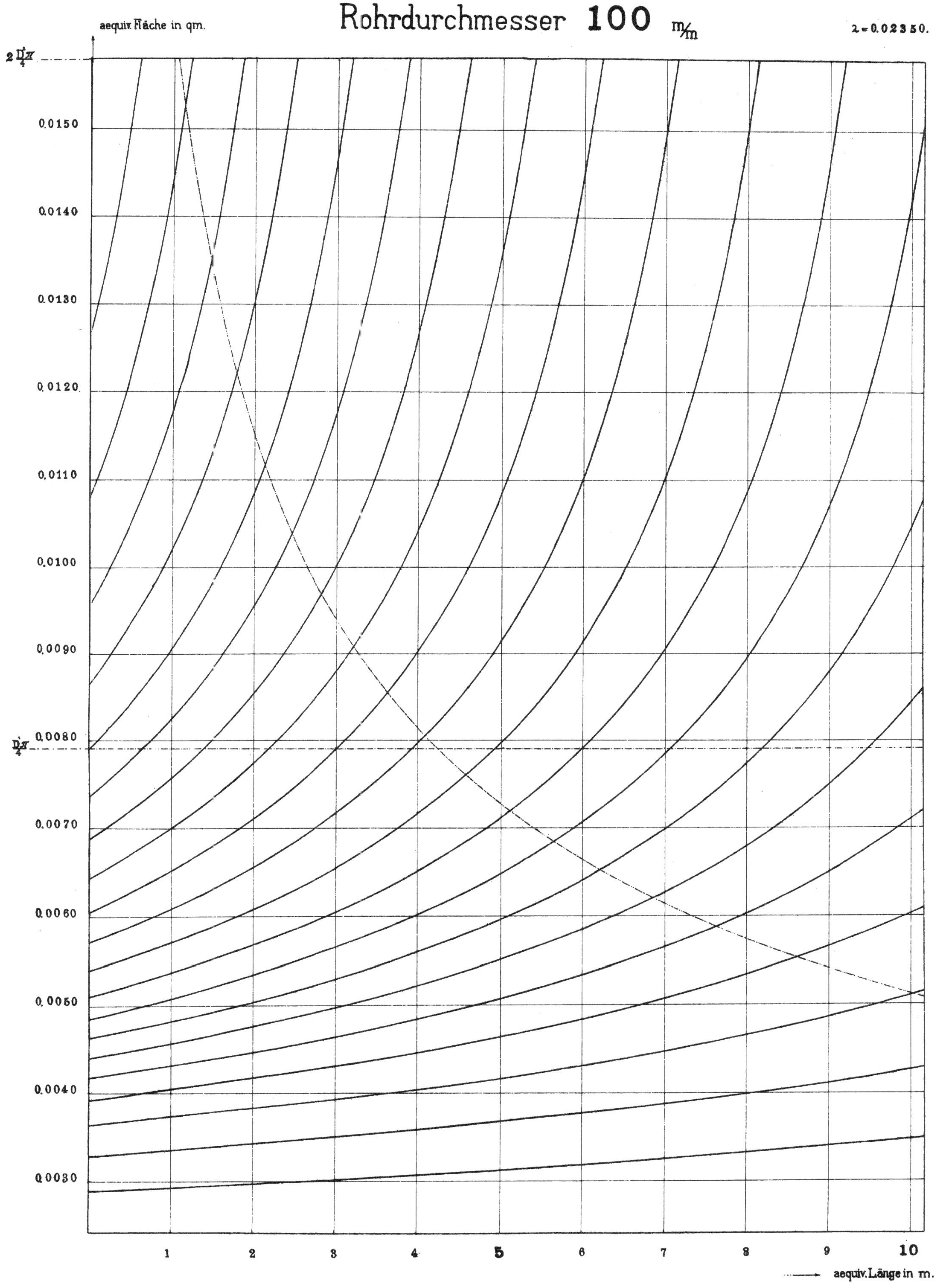

Rohrdurchmesser 110 m/m

$\lambda = 0{,}02250$

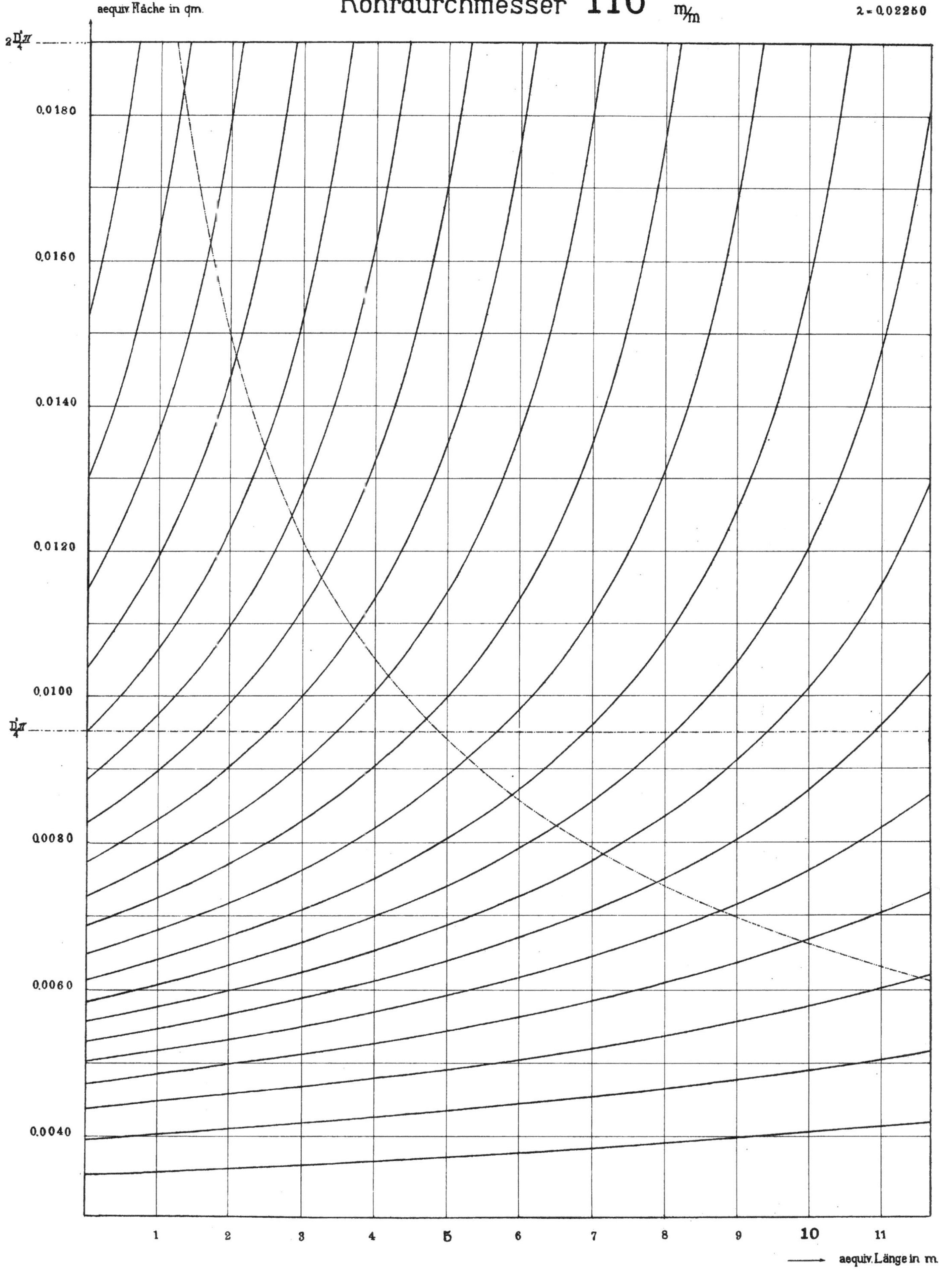

Rohrdurchmesser 120 m/m

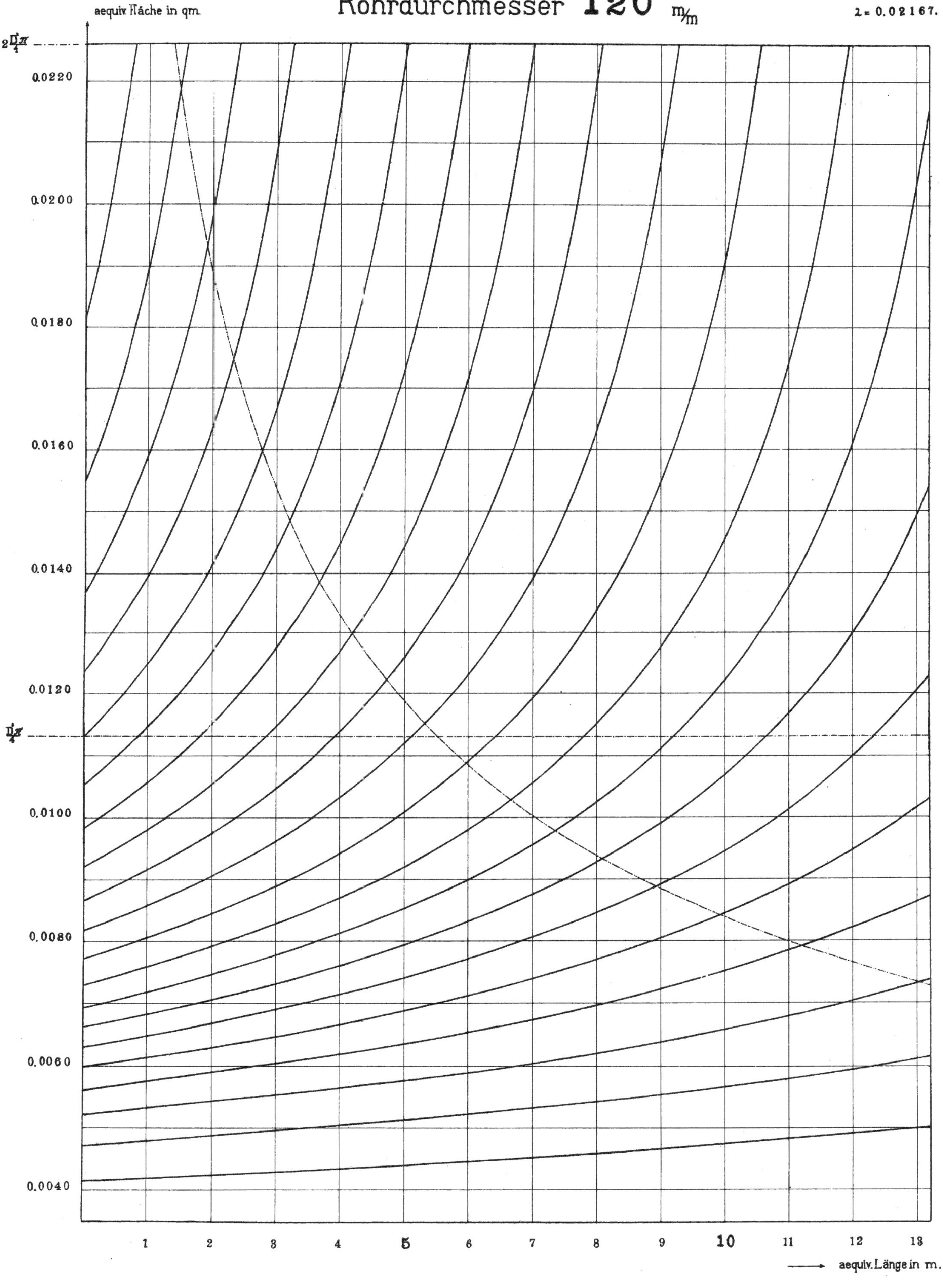

Rohrdurchmesser 130 m/m

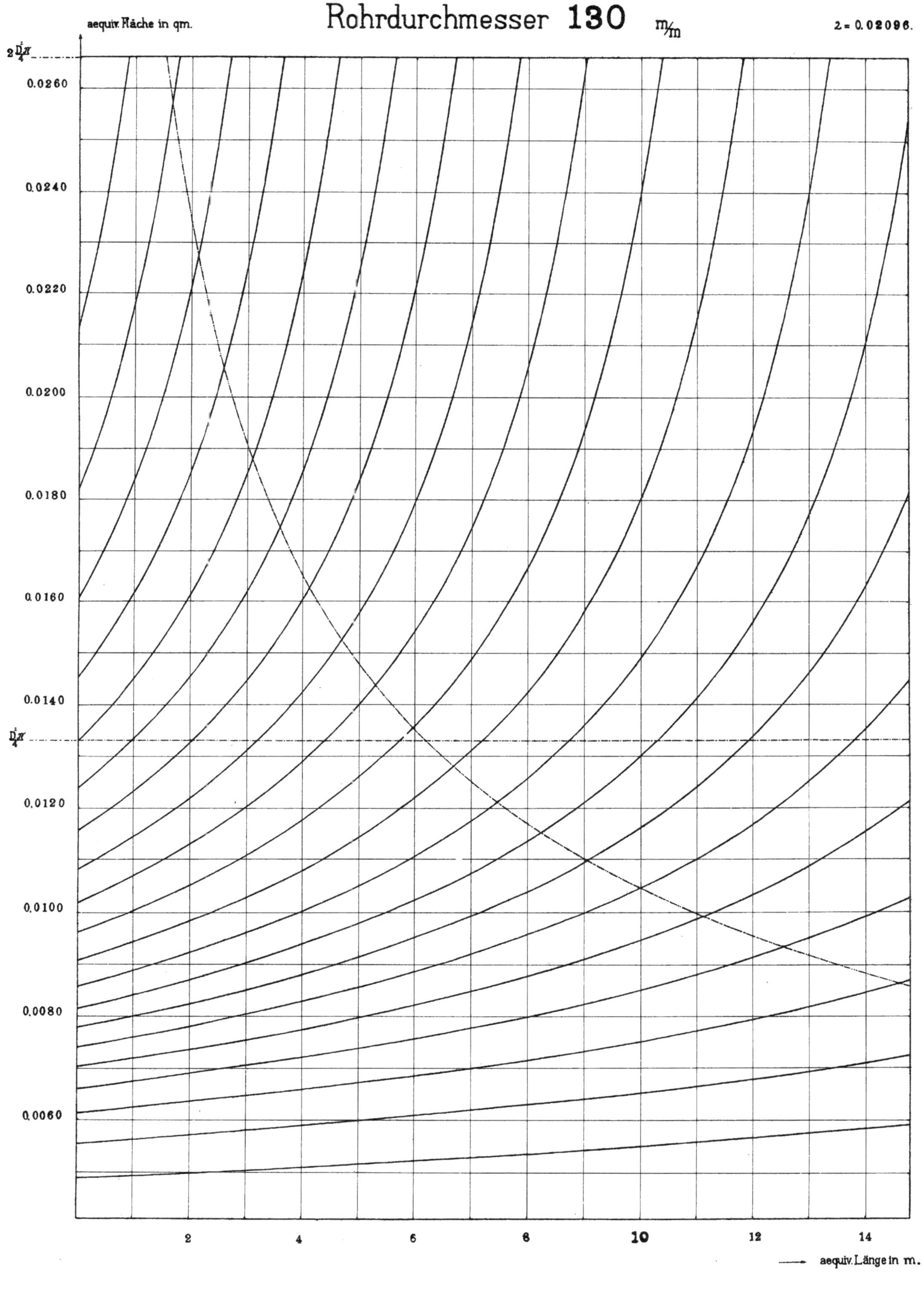

Rohrdurchmesser **140** m/m

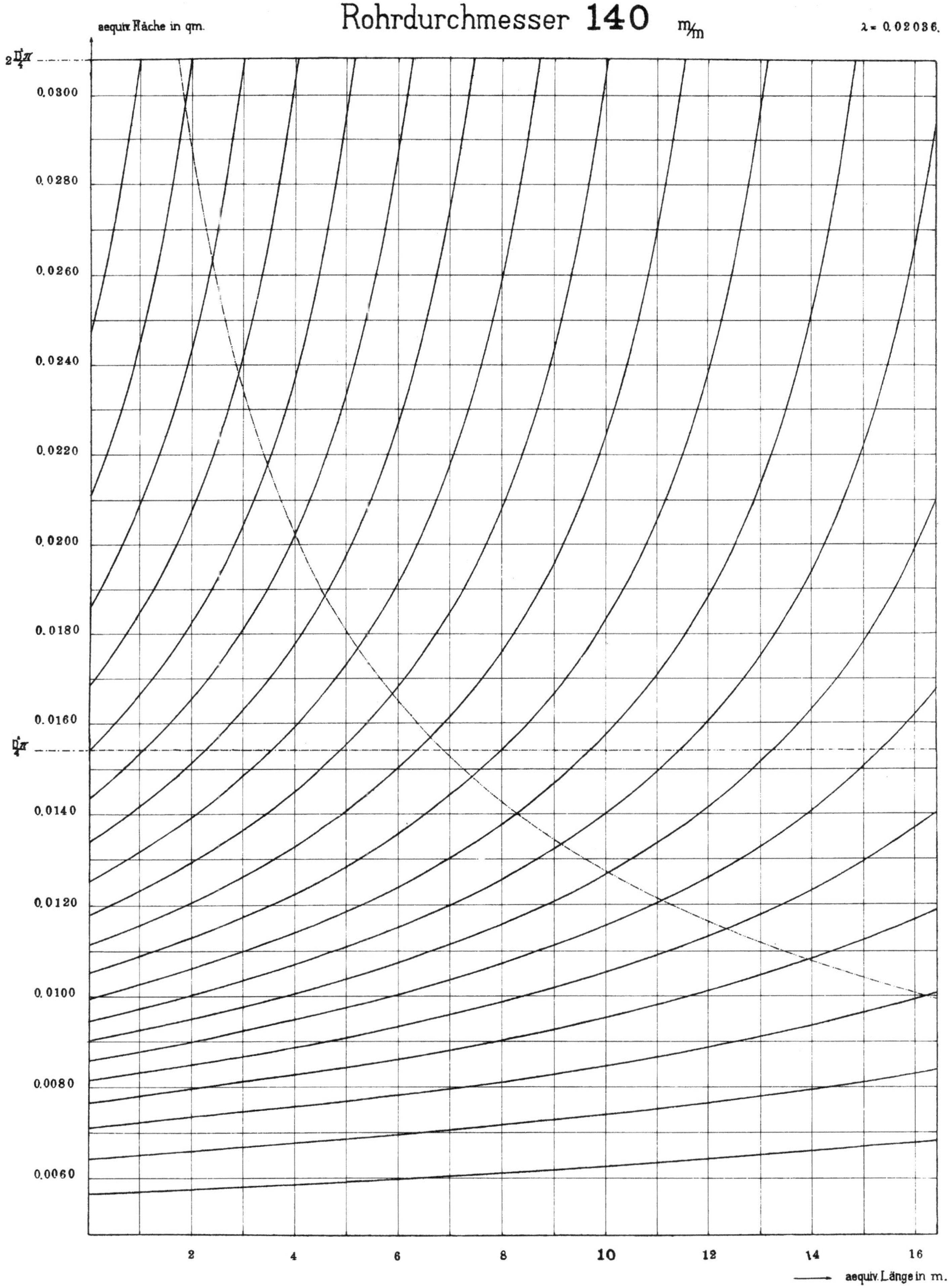

Rchrdurchmesser 150 m/m

λ = 0.01988.

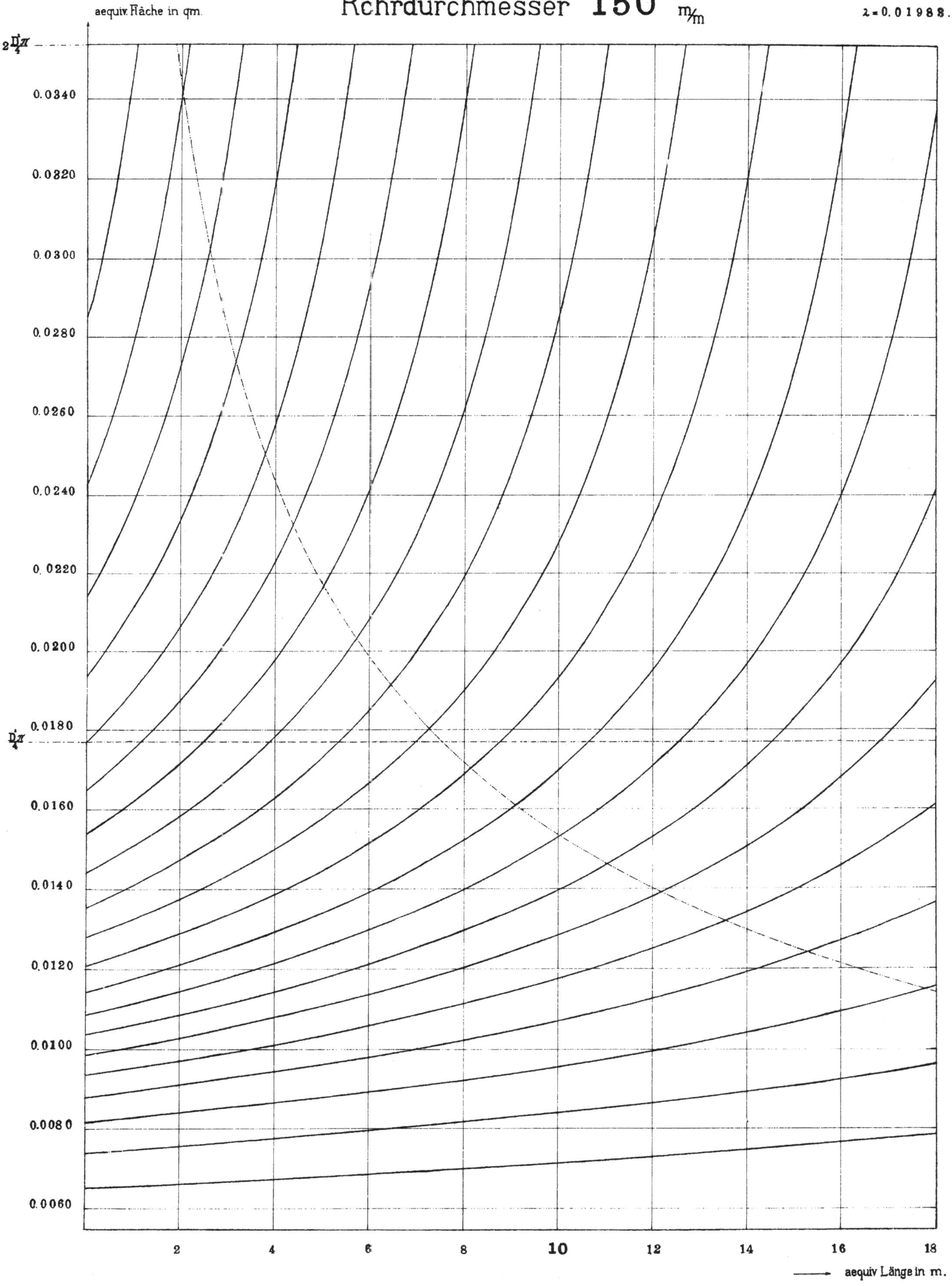

Rohrdurchmesser 160 m/m

$\lambda = 0.01988.$

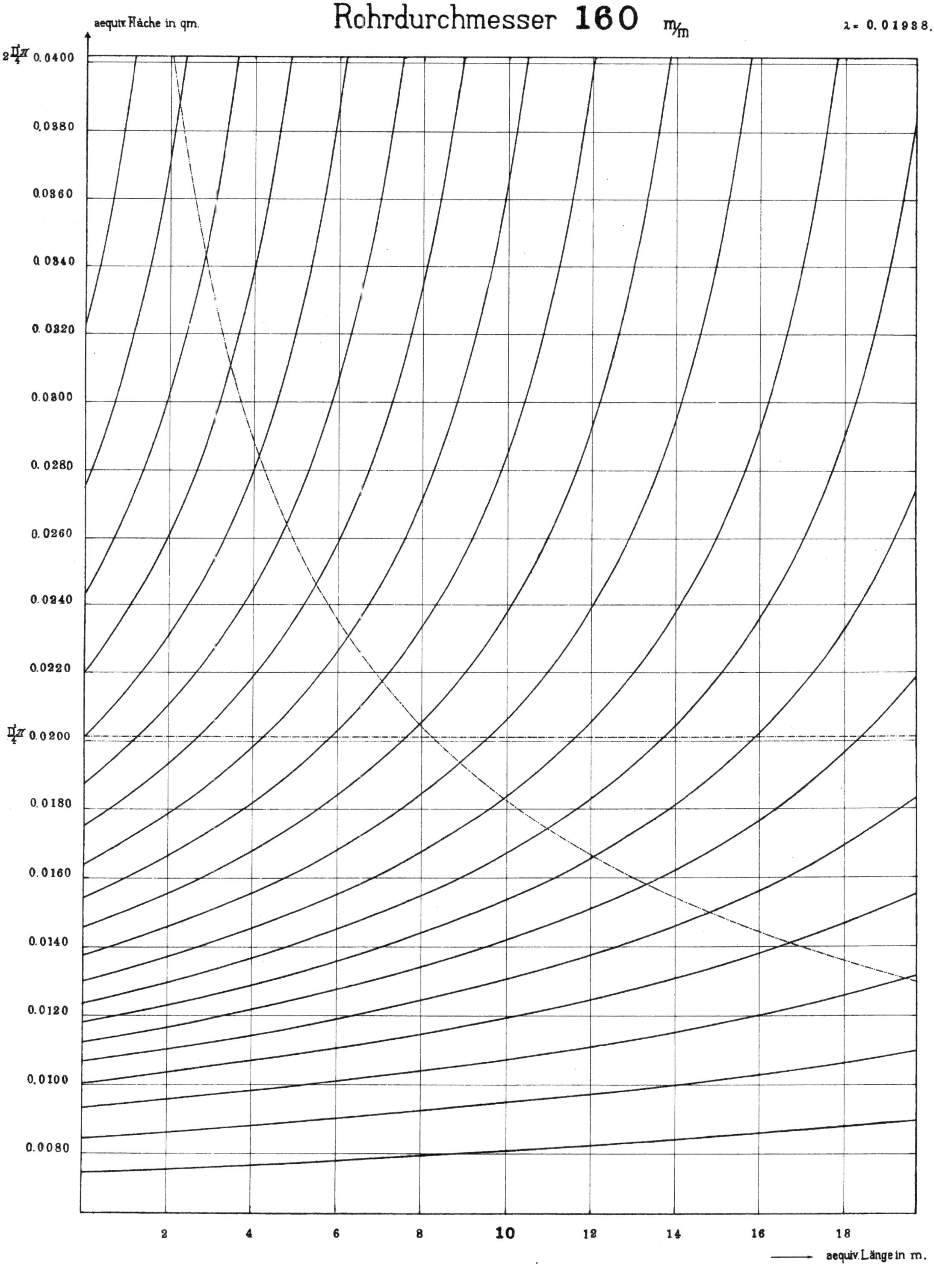

Rohrdurchmesser 170 m/m

λ = 0.01897.

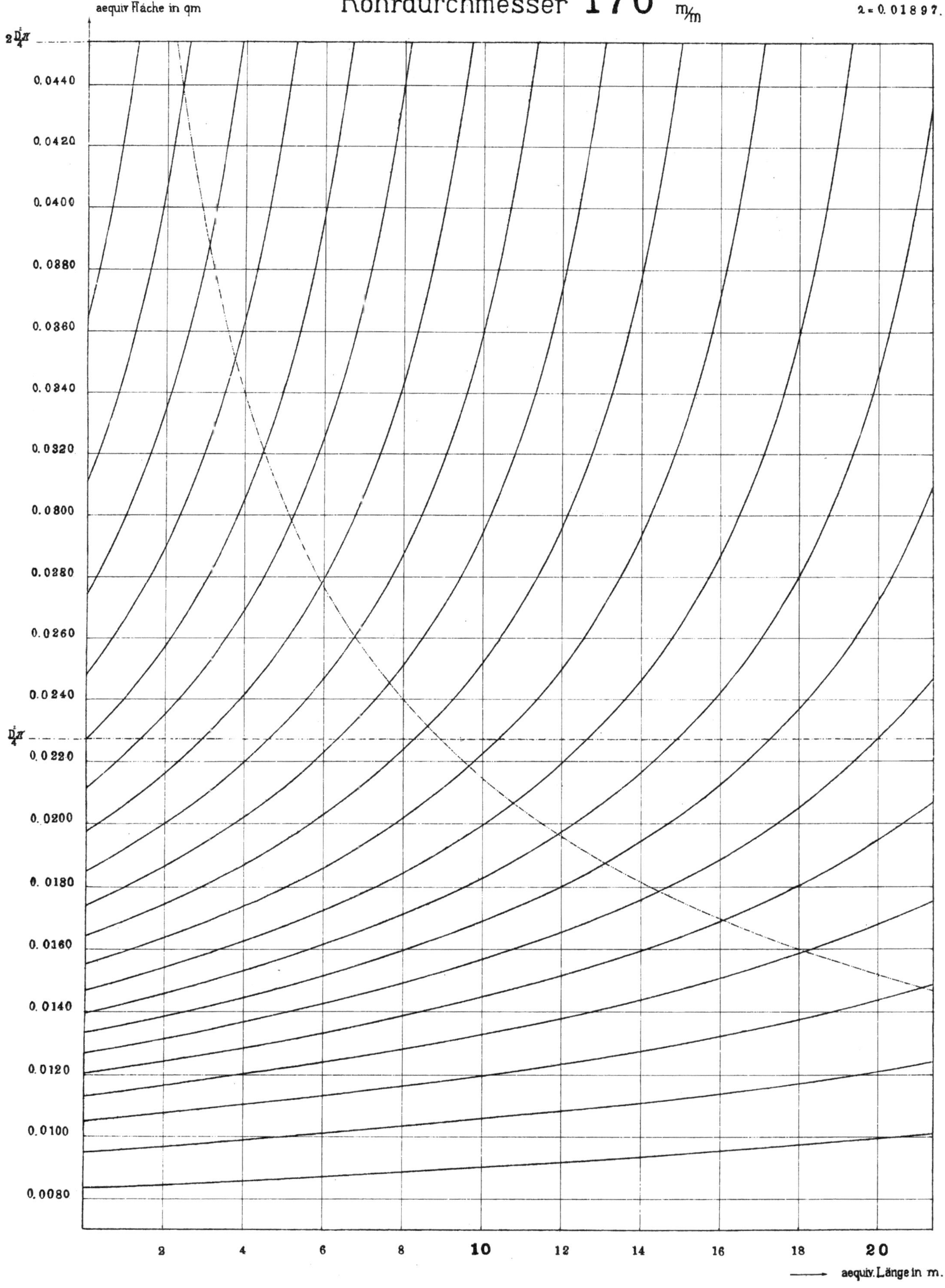

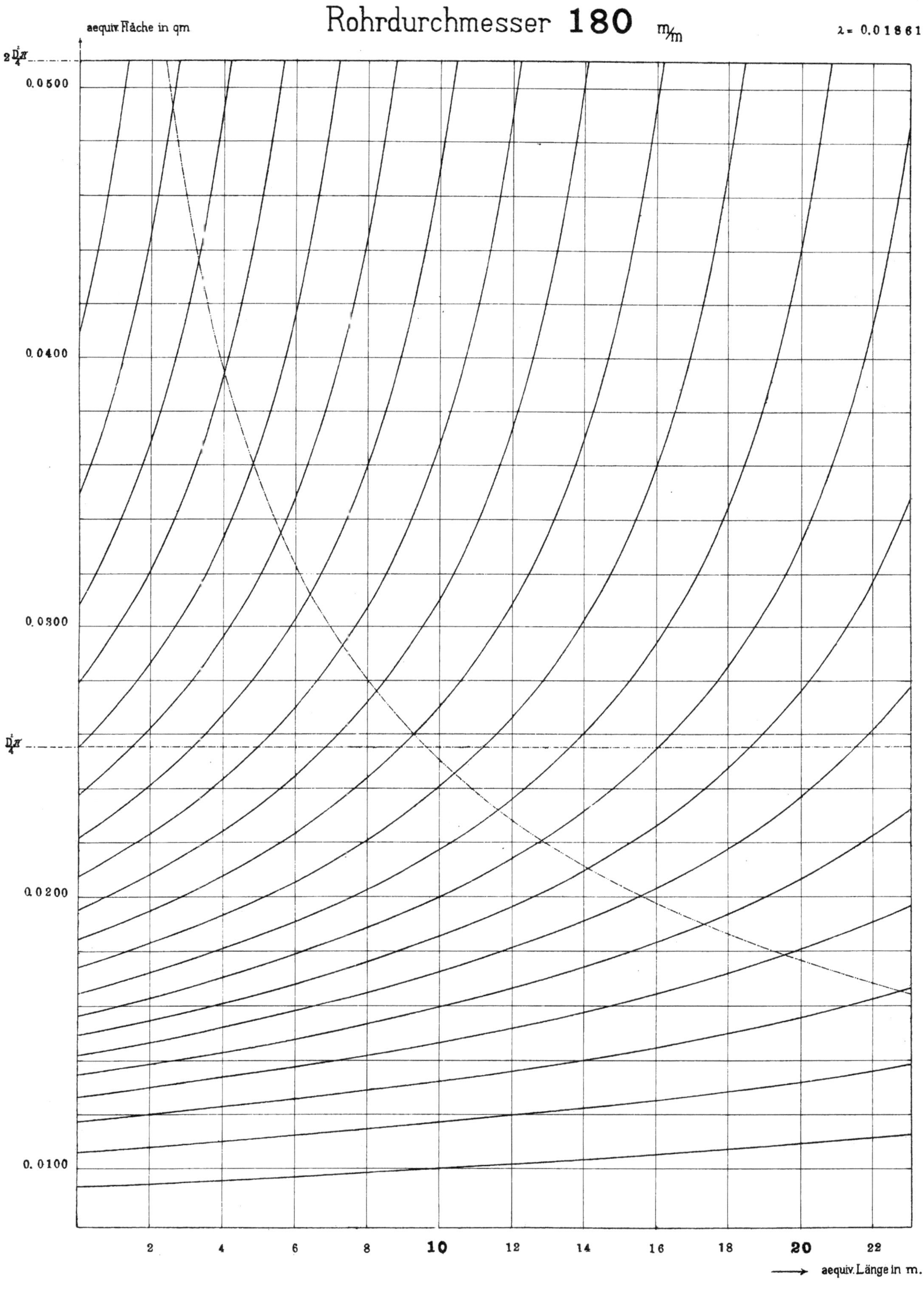
Rohrdurchmesser 180 m/m
aequiv. Fläche in qm
λ = 0,01861
$2\frac{D^2\pi}{4}$
0,0500
0,0400
0,0300
$\frac{D^2\pi}{4}$
0,0200
0,0100
2
4
6
8
10
12
14
16
18
20
22
aequiv. Länge in m.

Rohrdurchmesser **190** m/m

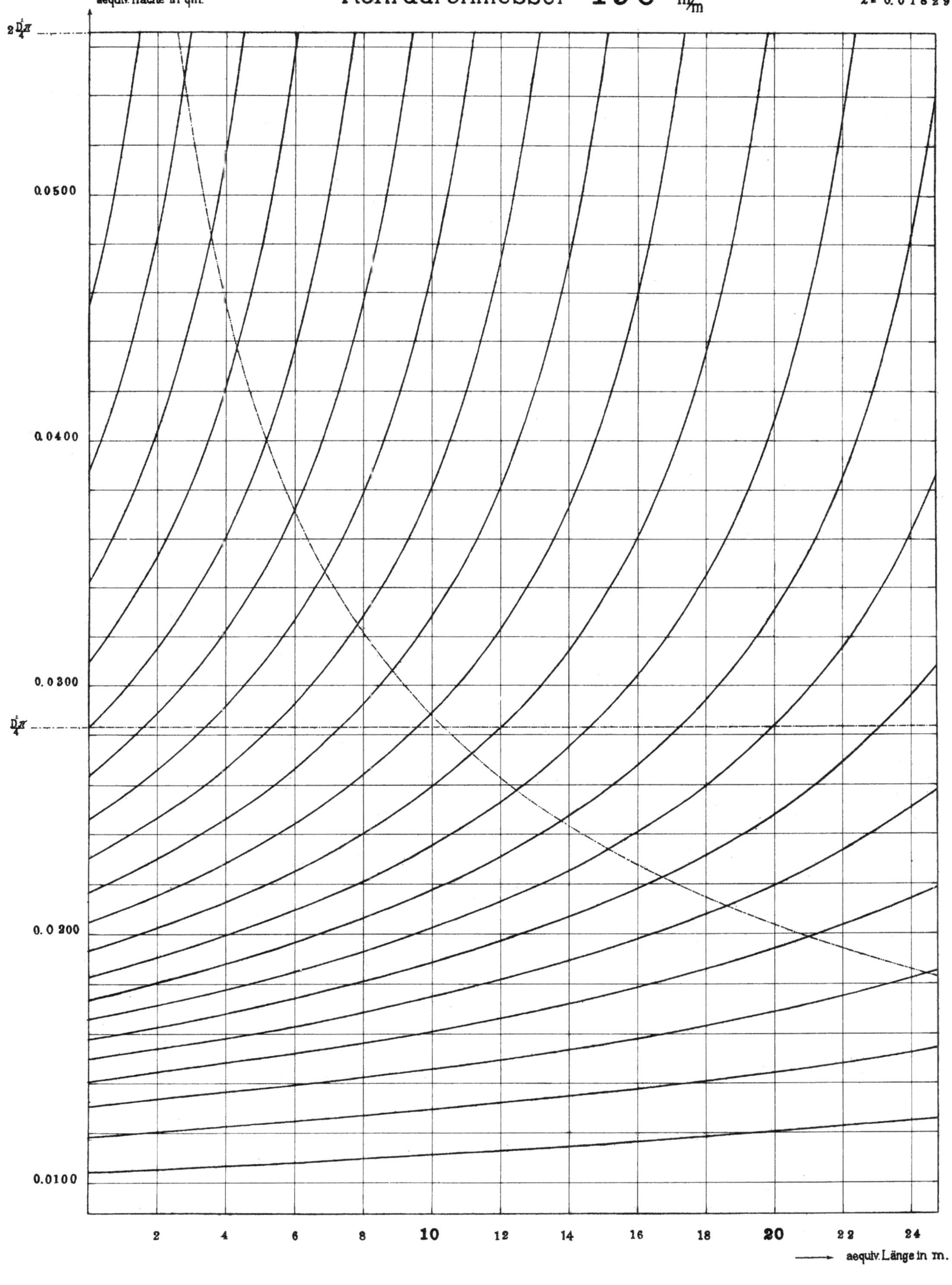

Rohrdurchmesser 200 m/m

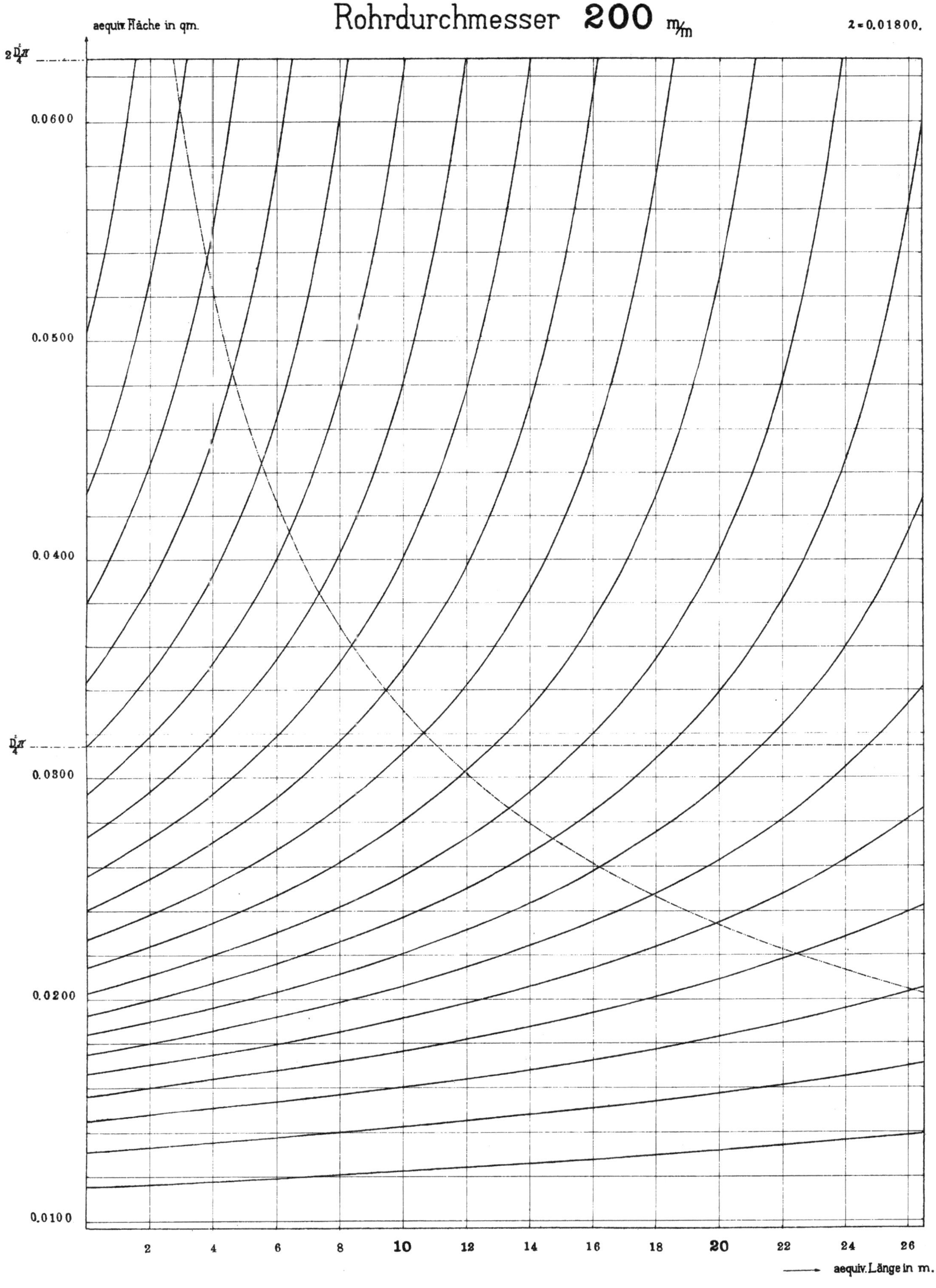

Rohrdurchmesser 210 m/m

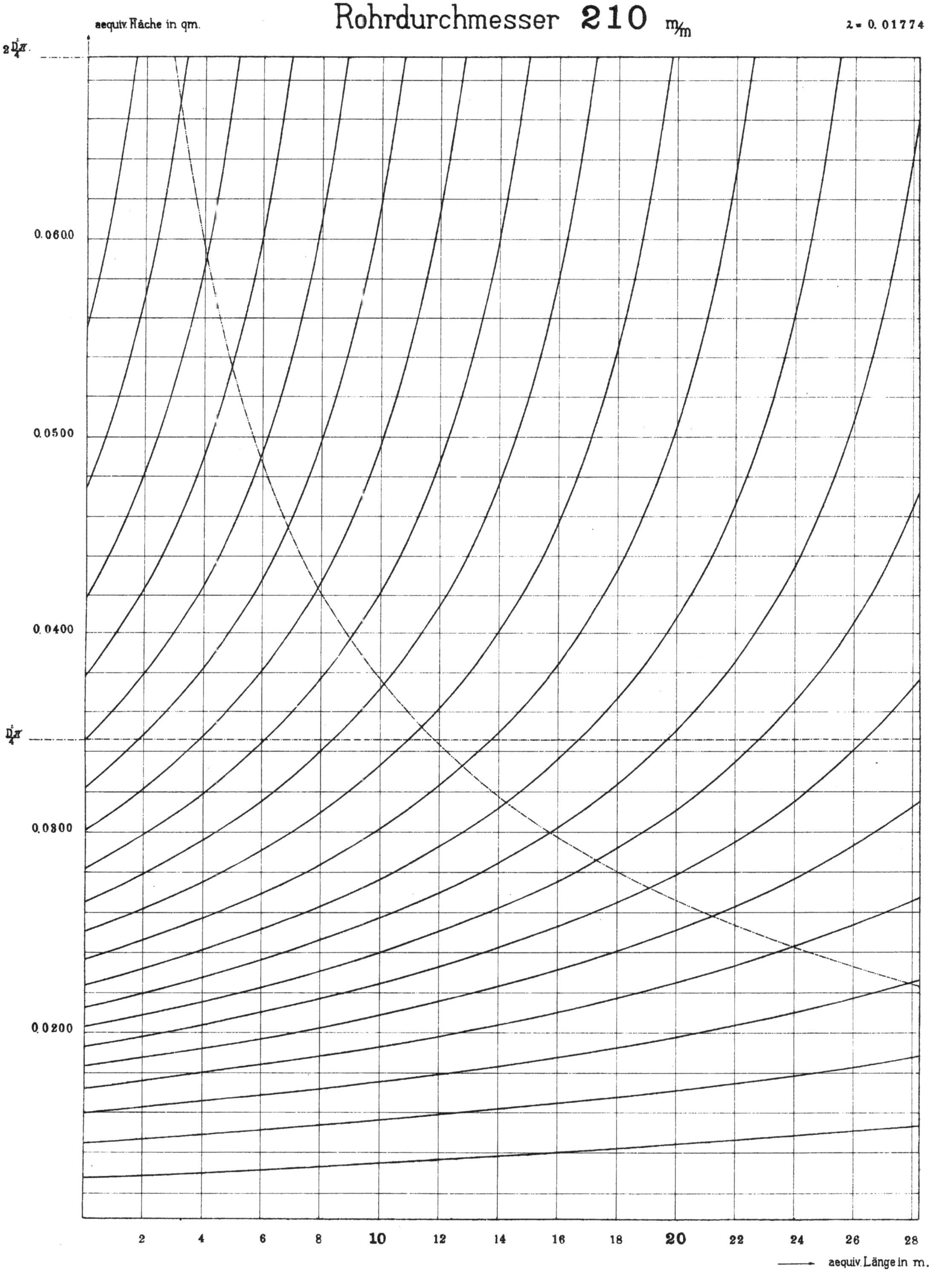

Rohrdurchmesser 220 m/m

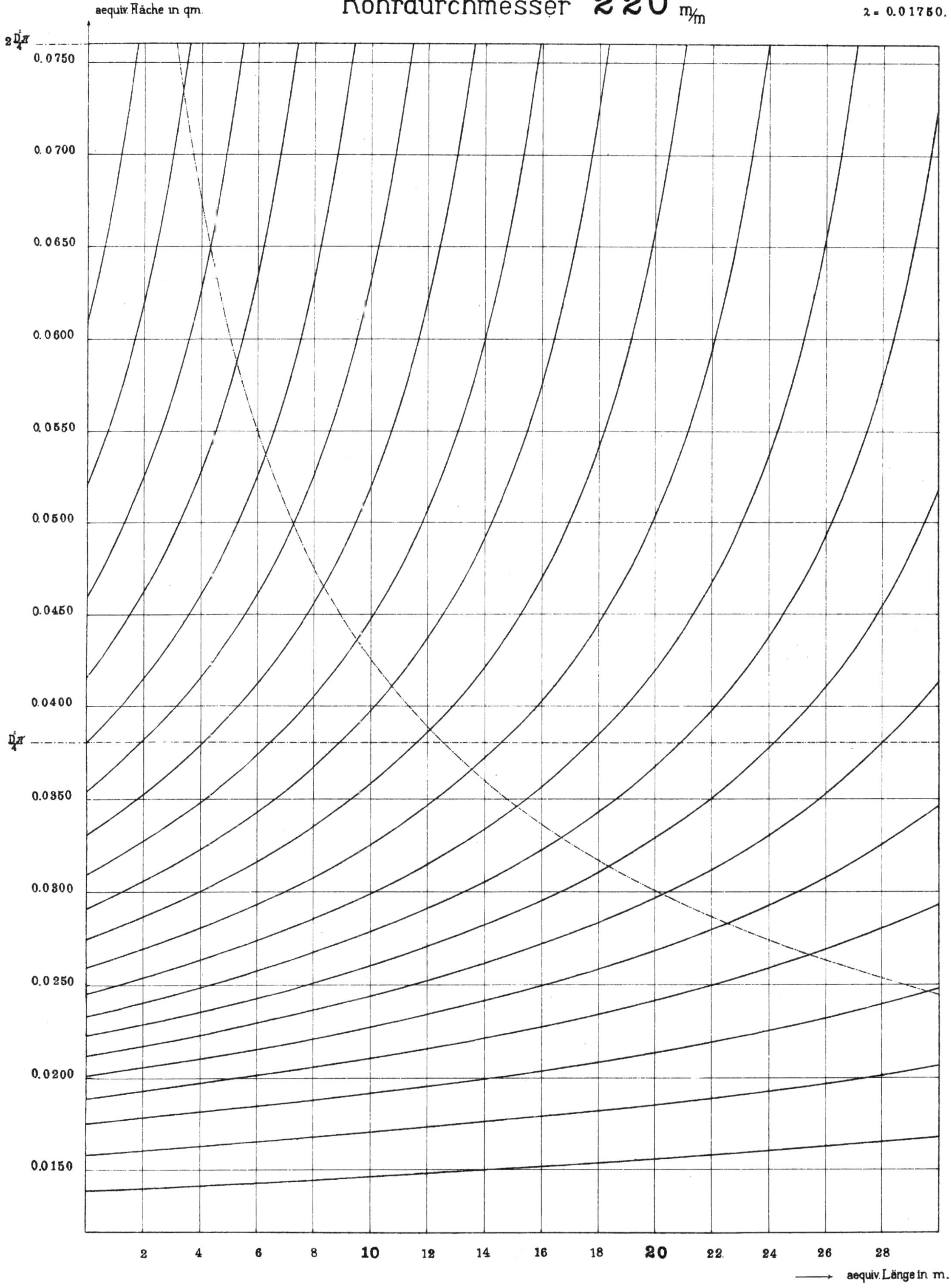

Rohrdurchmesser 230 m/m

$\lambda = 0.01729.$

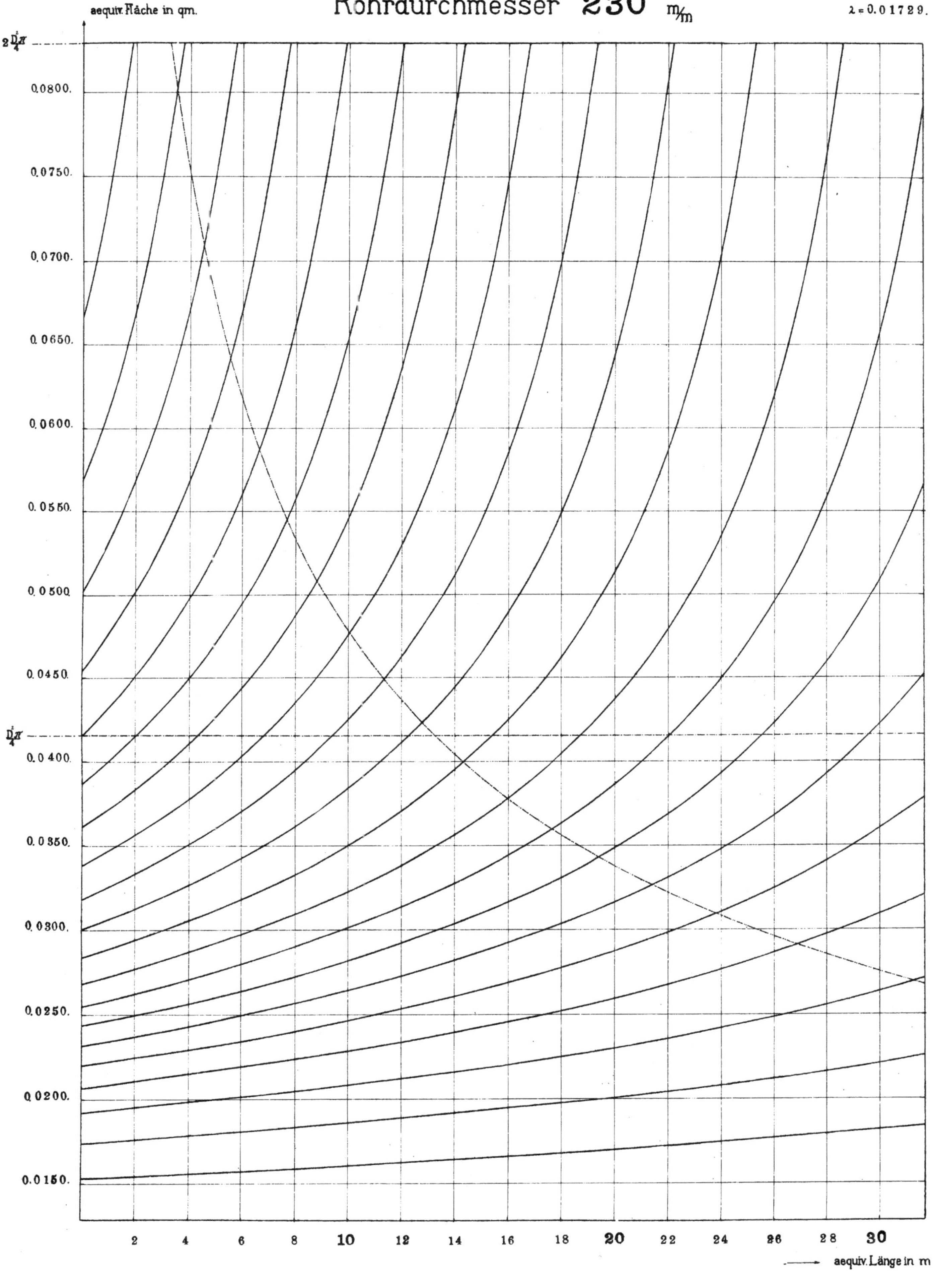

Rohrdurchmesser 240 m/m

$\lambda = 0{,}01708.$

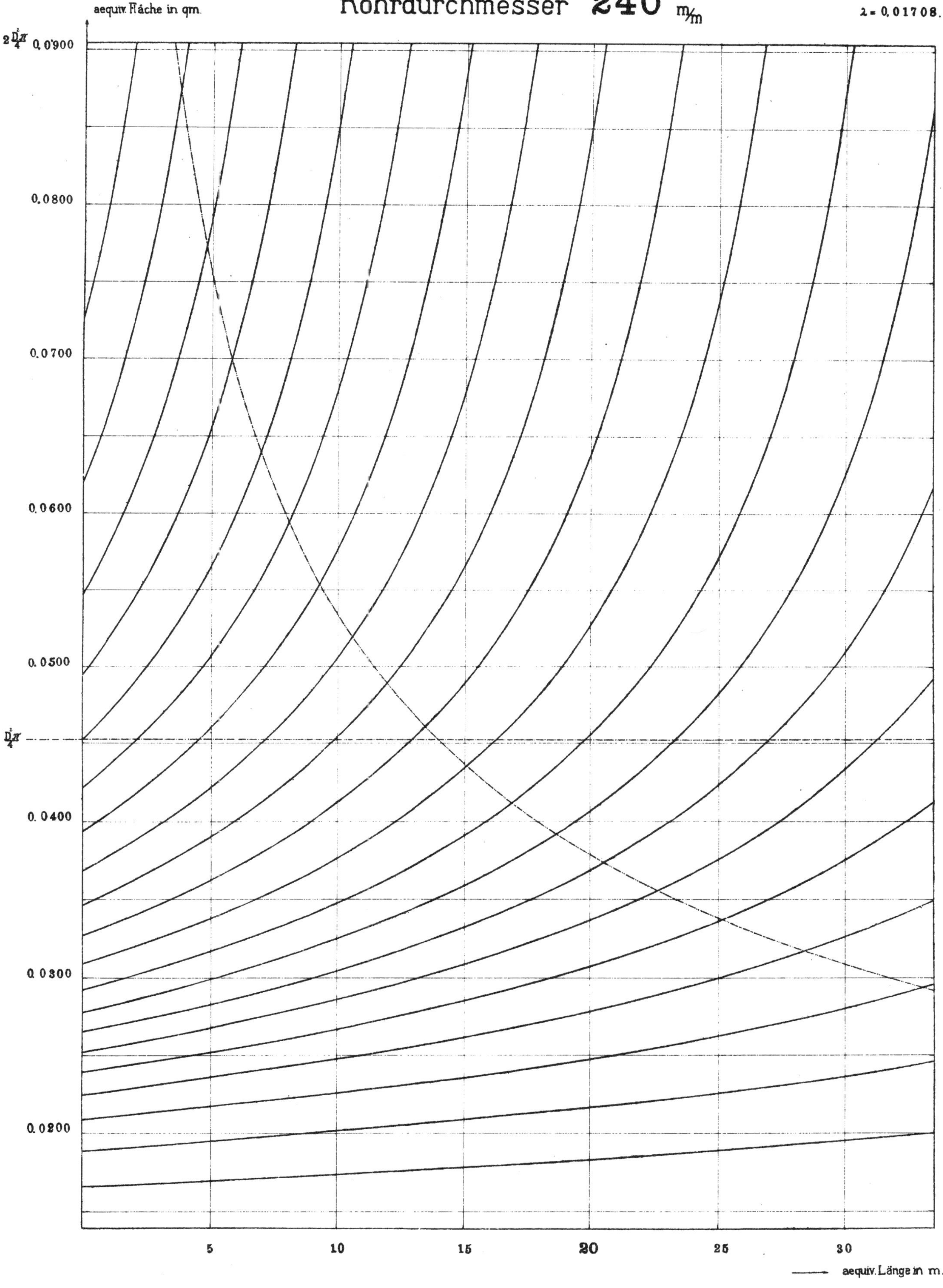

Rohrdurchmesser 250 m/m

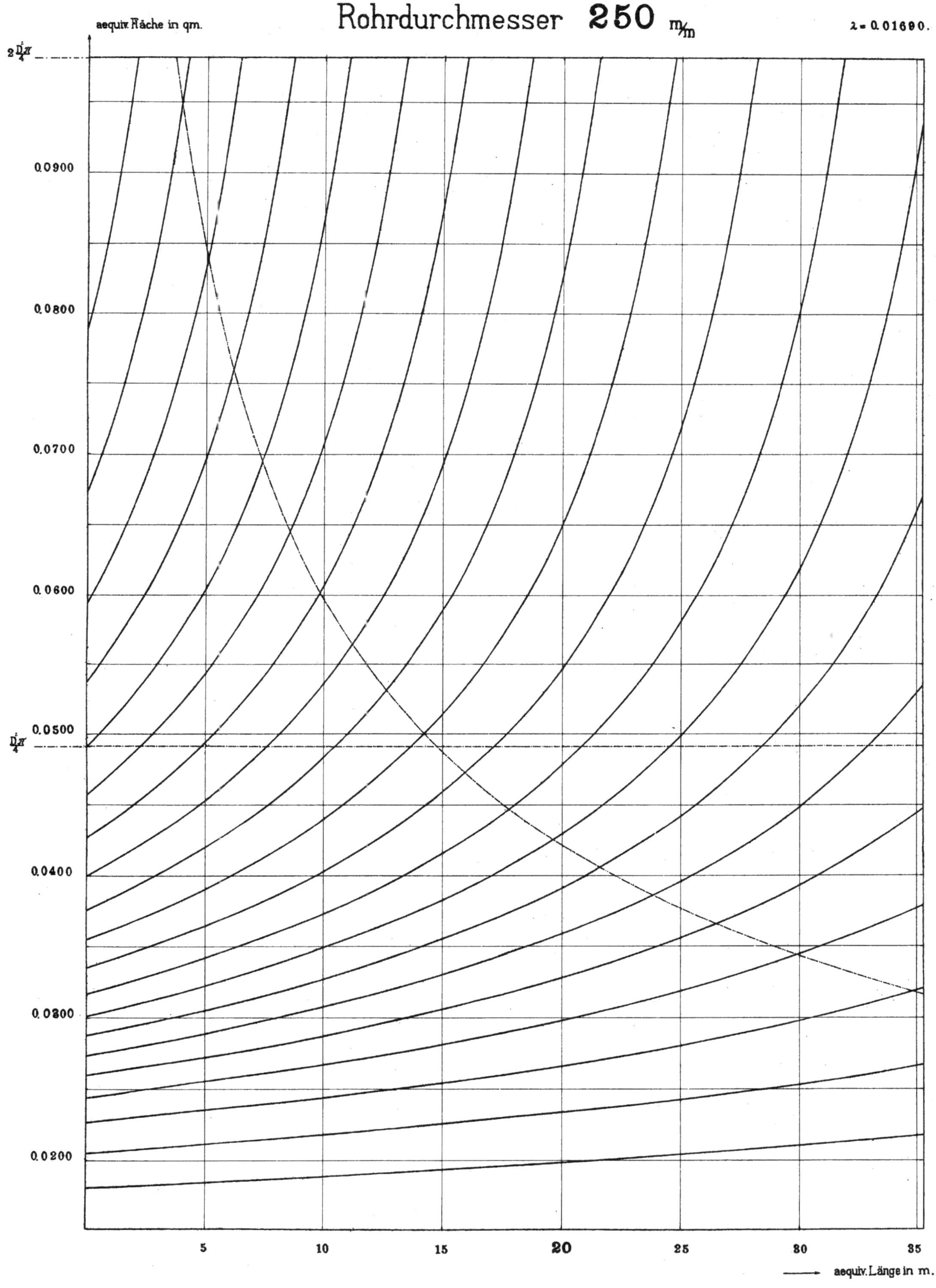

Rohrdurchmesser 260 m/m

$\lambda = 0.01678.$

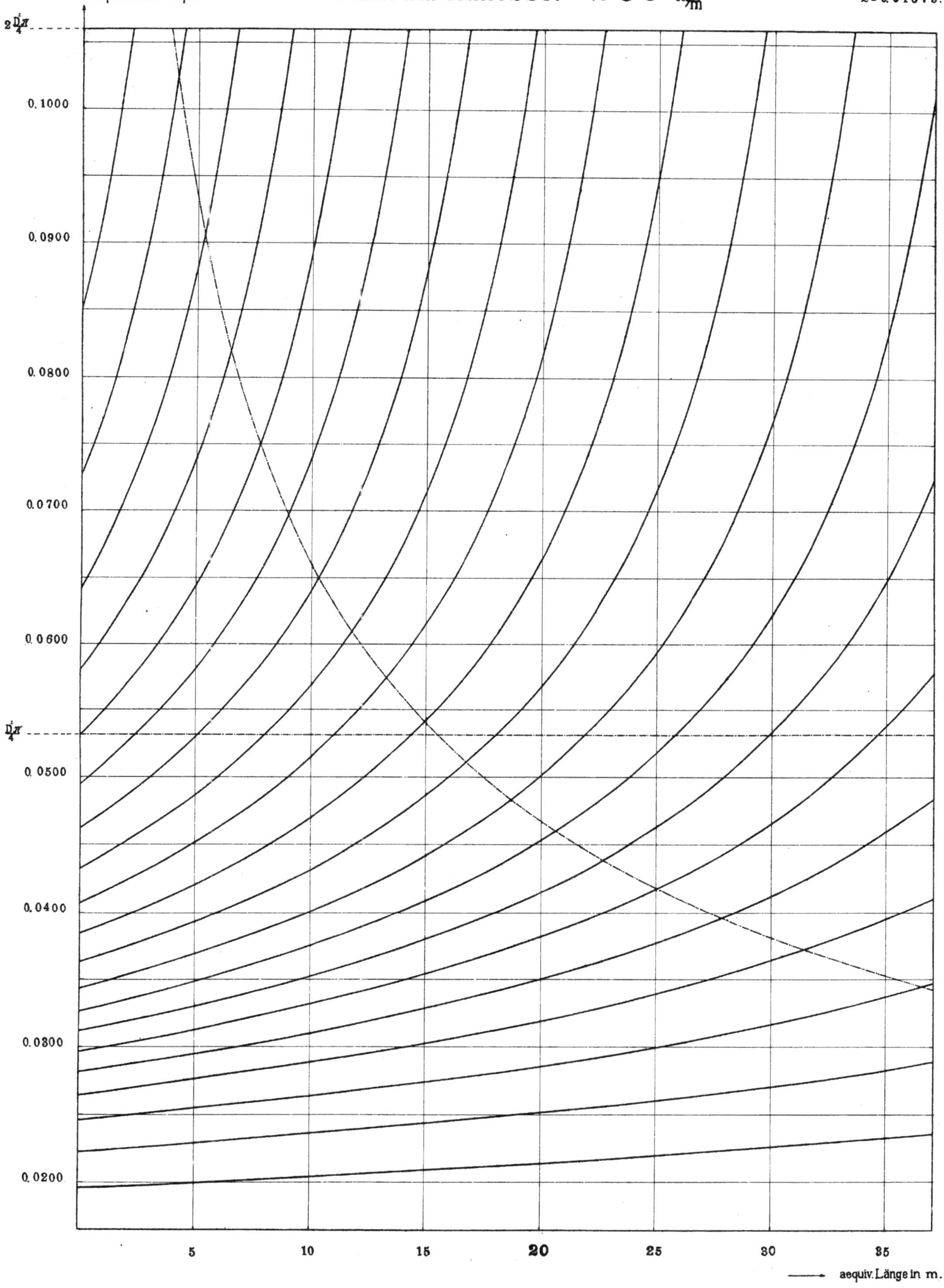

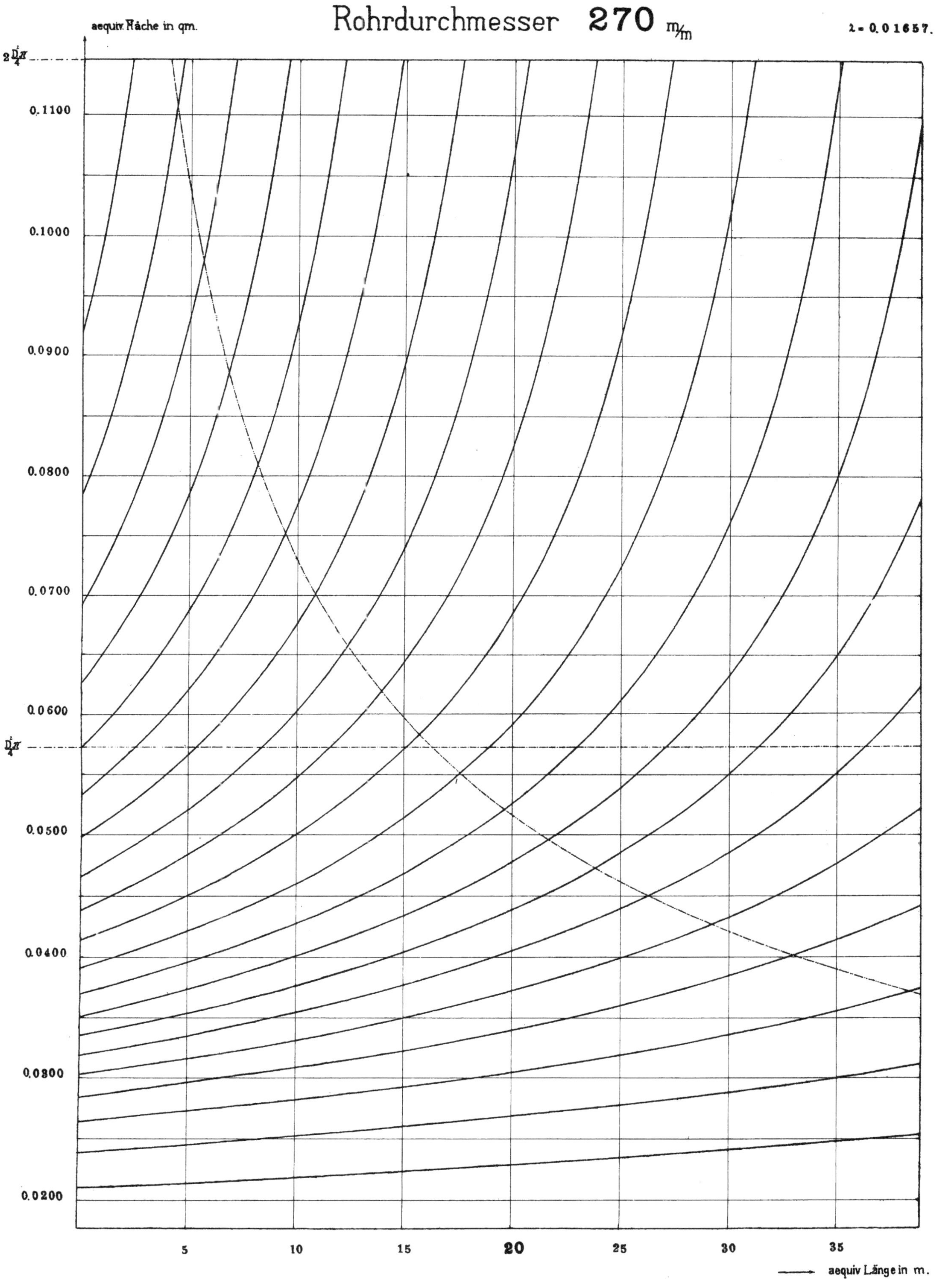

Rohrdurchmesser 270 m/m
aequiv. Fläche in qm.
λ = 0.01657.
$2\frac{D^2\pi}{4}$
0.1100
0.1000
0.0900
0.0800
0.0700
0.0600
$\frac{D^2\pi}{4}$
0.0500
0.0400
0.0300
0.0200
5
10
15
20
25
30
35
aequiv. Länge in m.

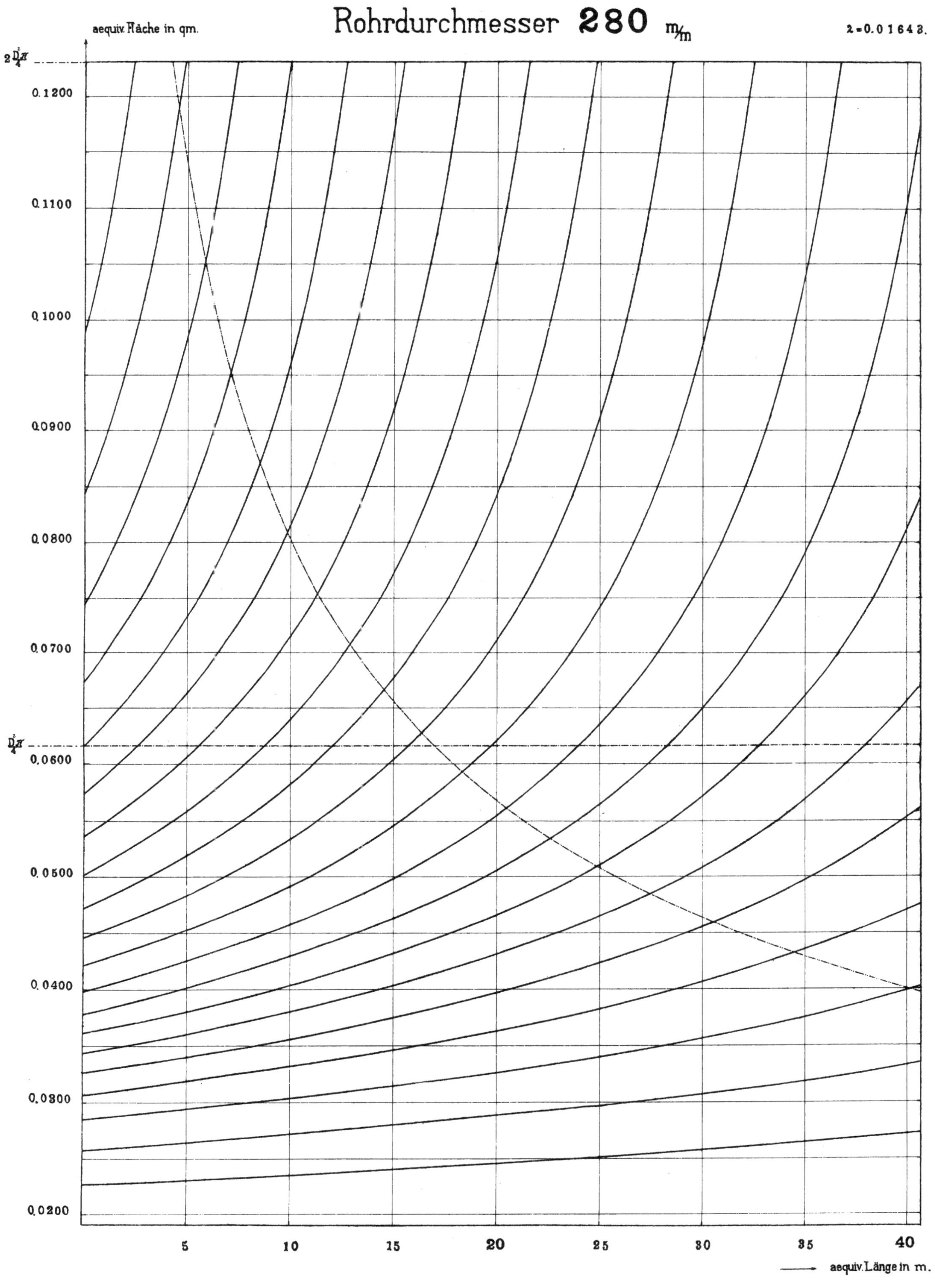
Rohrdurchmesser 280 m/m
aequiv. Fläche in qm.
λ=0.01643.
2 D²π/4
D²π/4
0.1200
0.1100
0.1000
0.0900
0.0800
0.0700
0.0600
0.0500
0.0400
0.0300
0.0200
5
10
15
20
25
30
35
40
aequiv. Länge in m.

Rohrdurchmesser 290 m/m

λ = 0.01629.

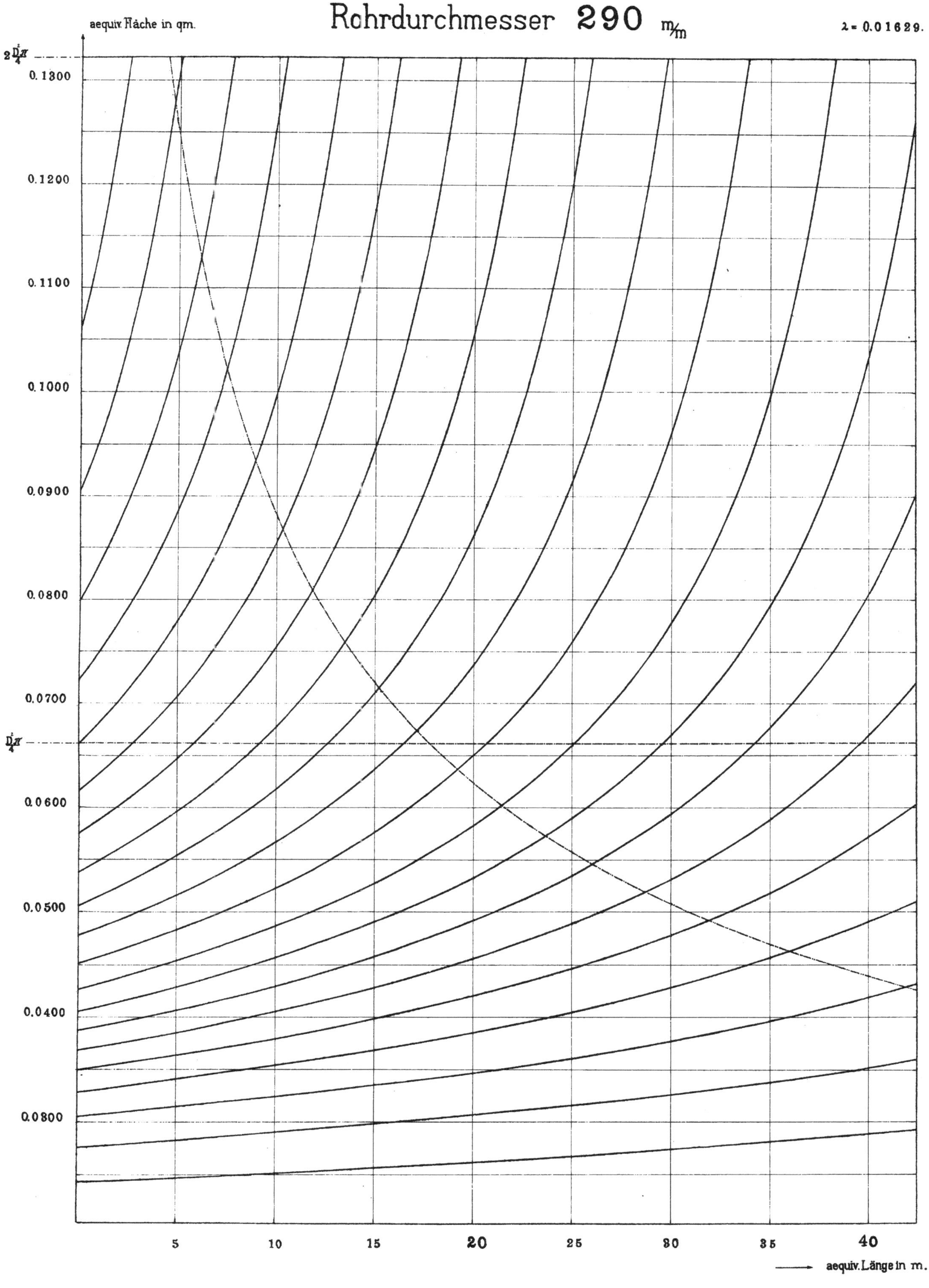

Rohrdurchmesser 300 m/m

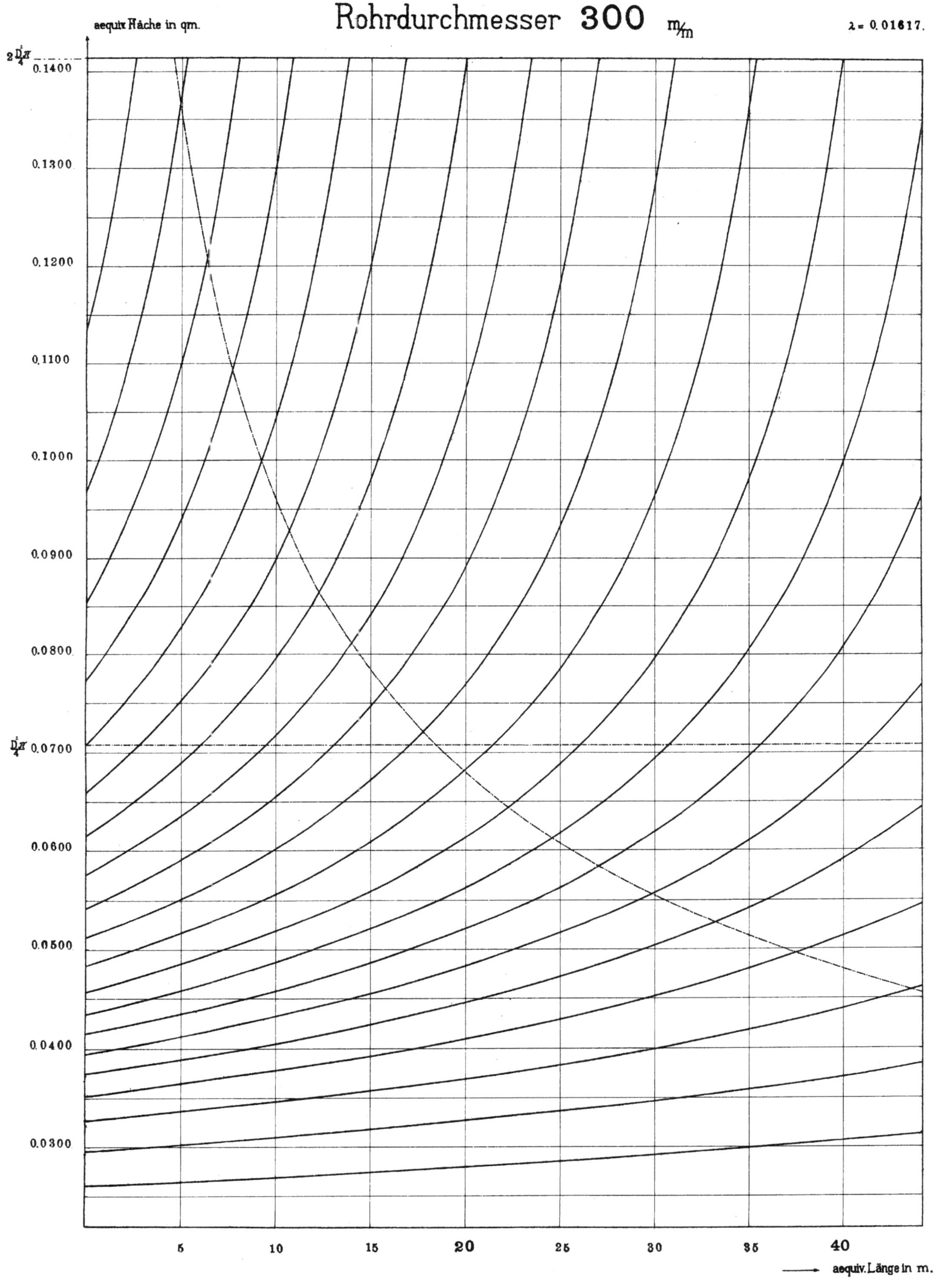

Rohrdurchmesser 310 m/m

$\lambda = 0.01605.$

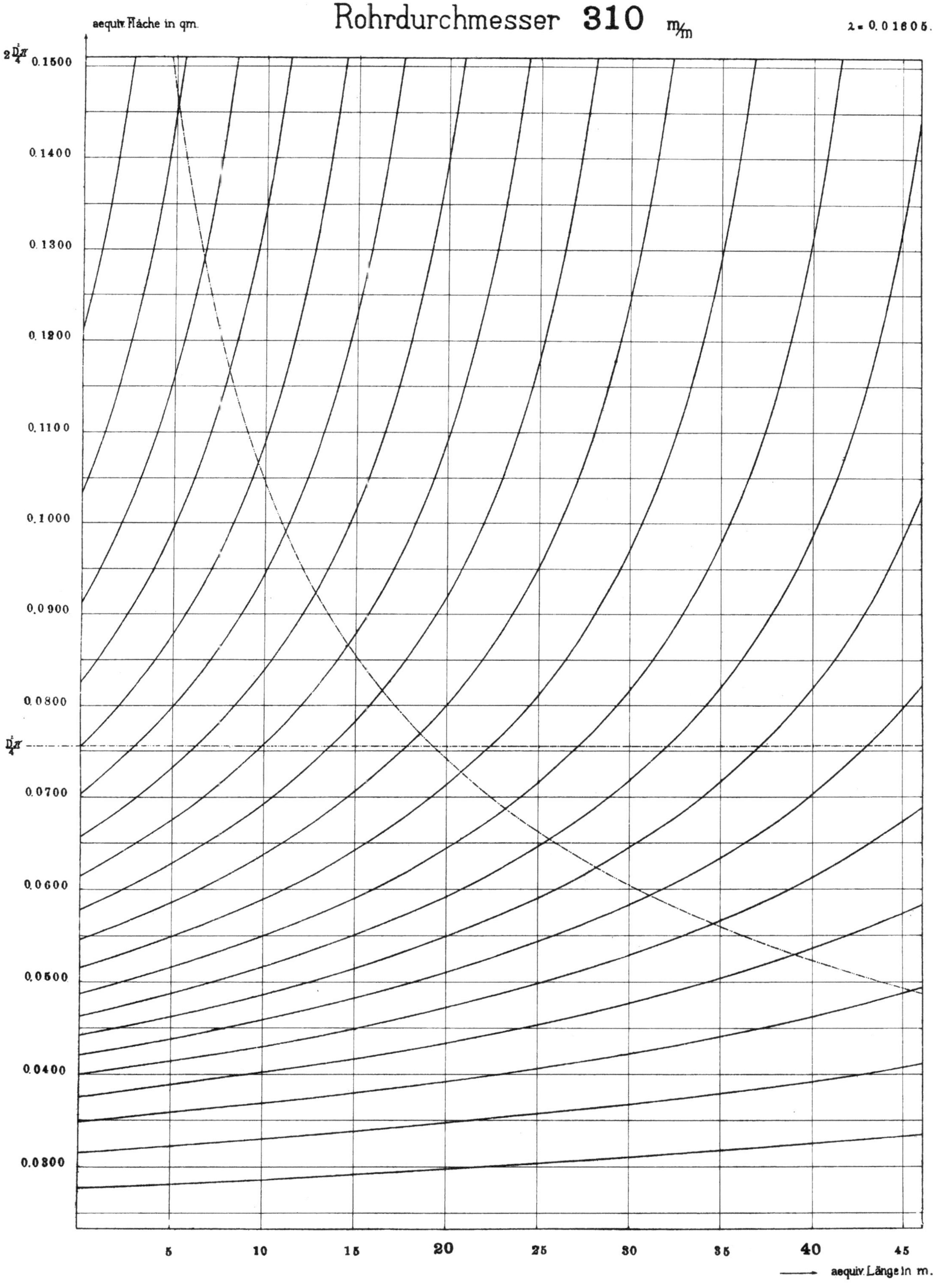

Rohrdurchmesser 320 m/m

$\lambda = 0.01594.$

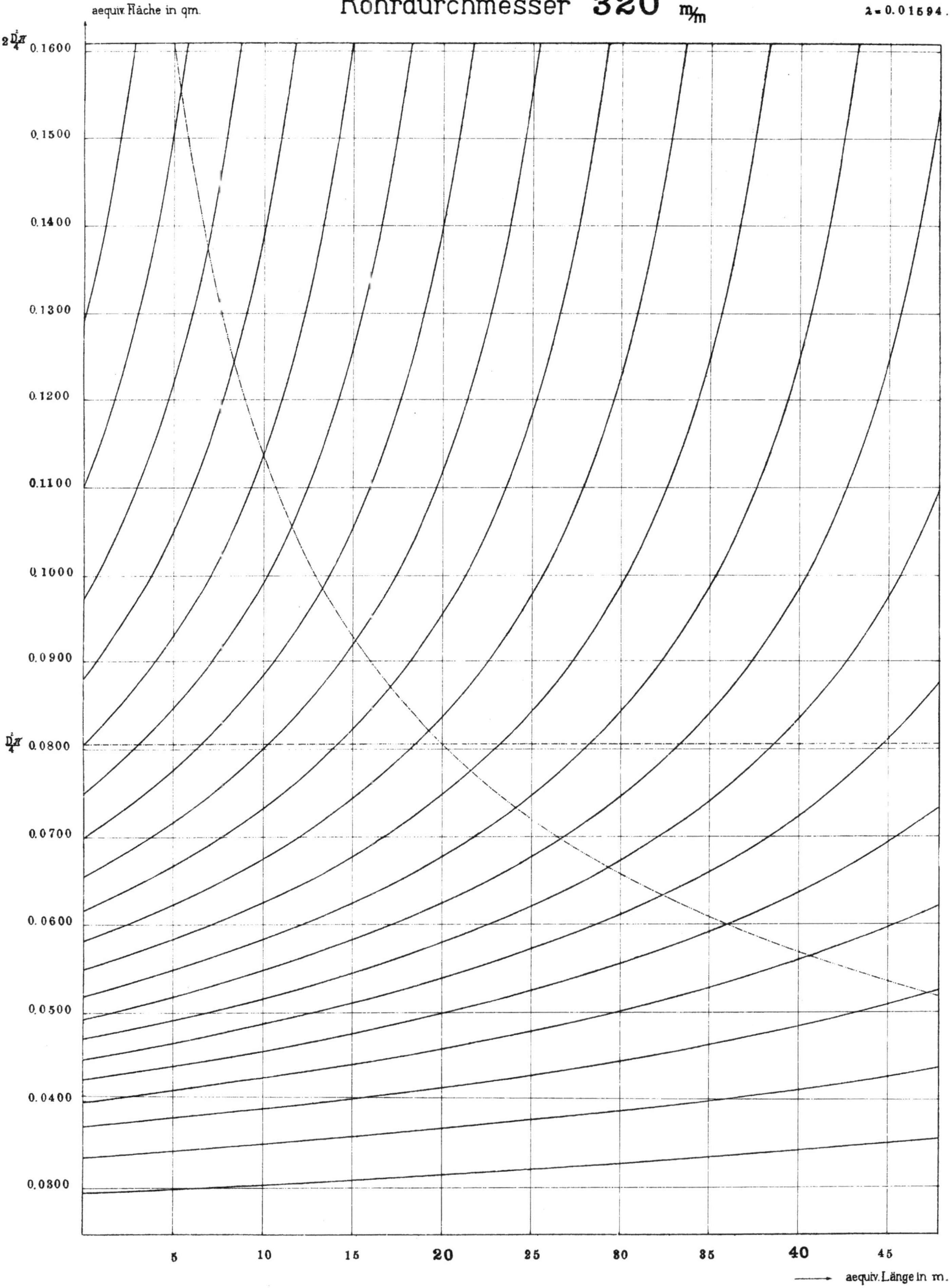

Rohrdurchmesser 330 m/m

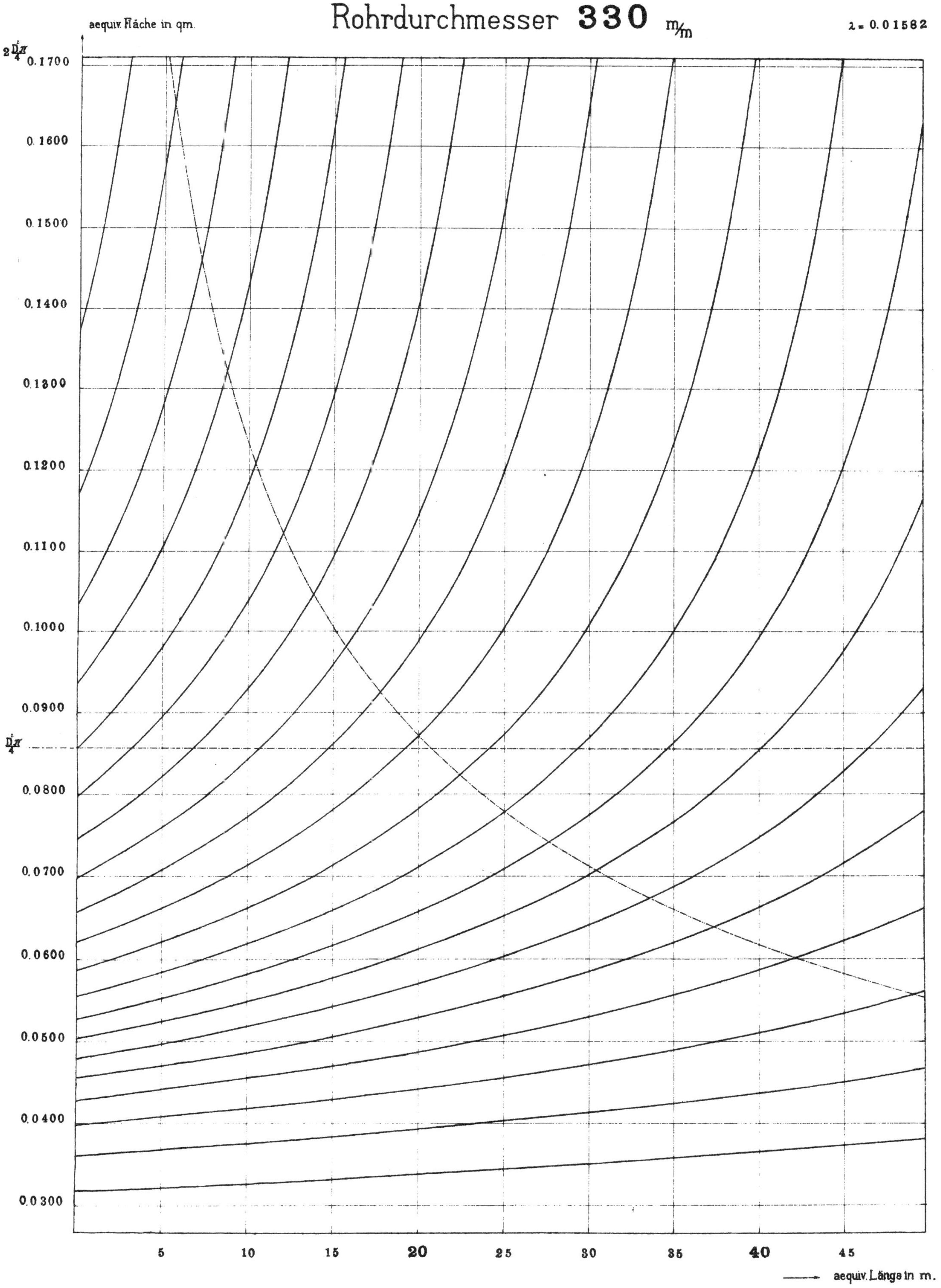

Rohrdurchmesser 340 m/m

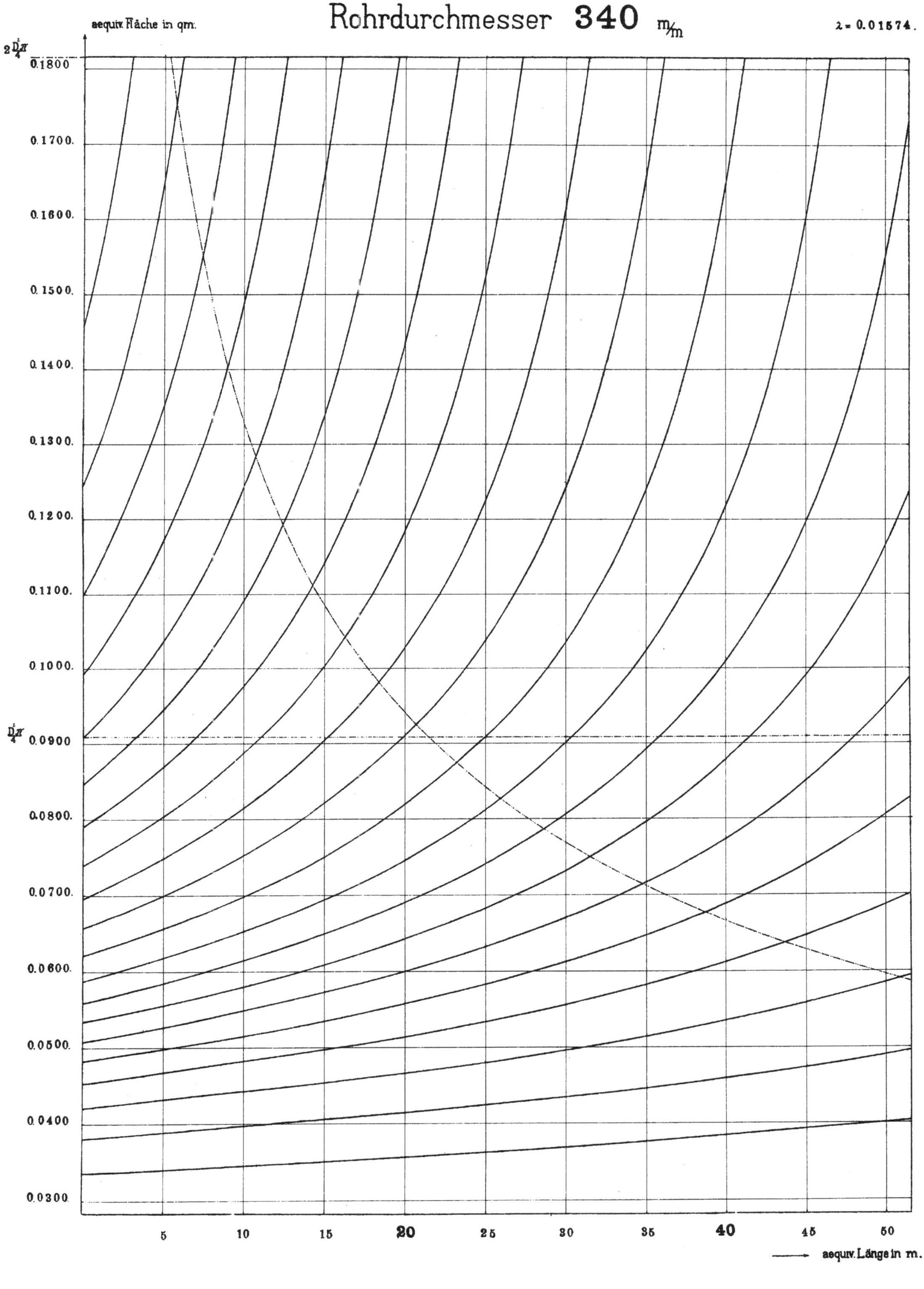

Rohrdurchmesser 350 m/m

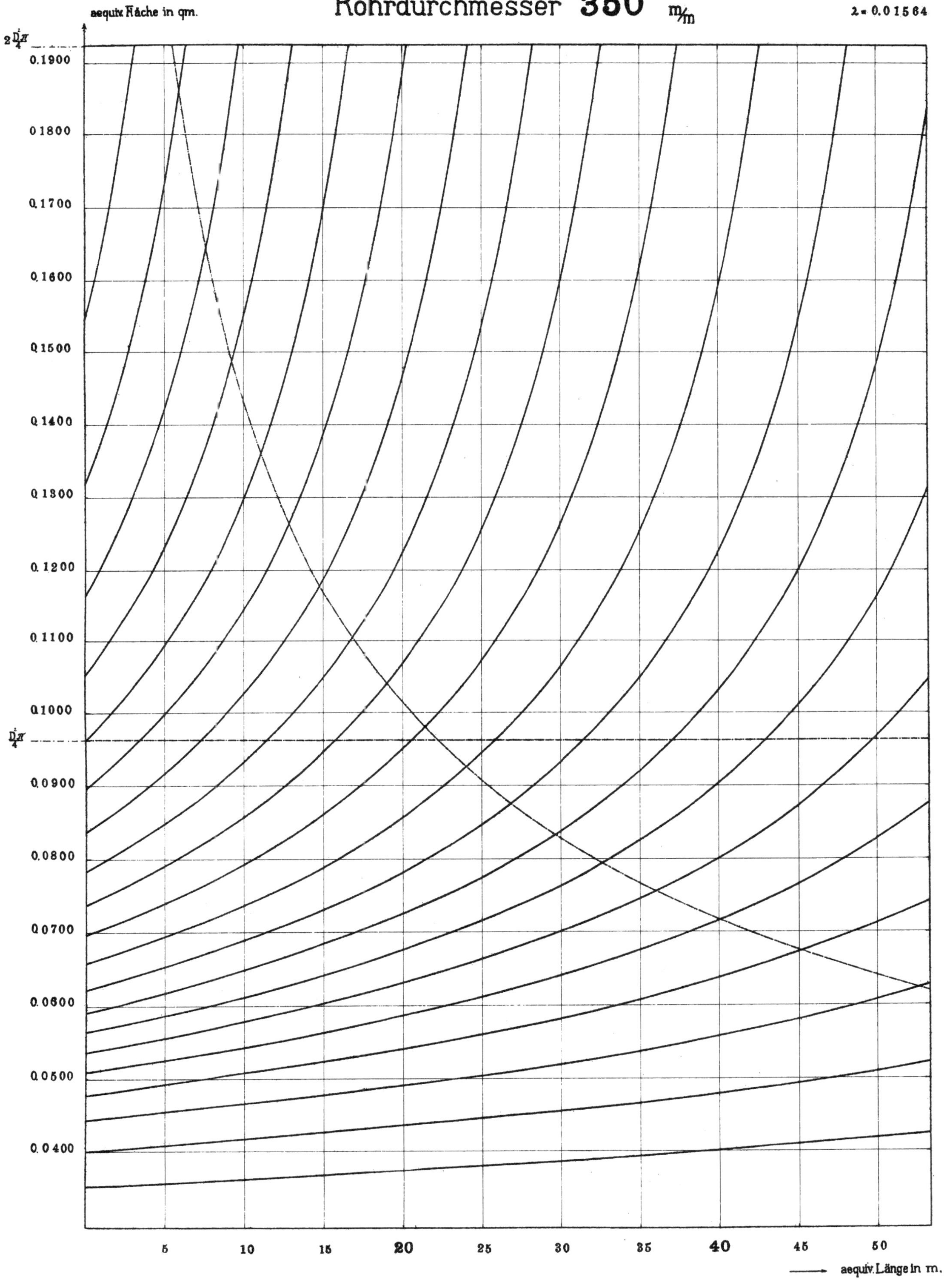

Rohrdurchmesser 360 m/m

$\lambda = 0,01556.$

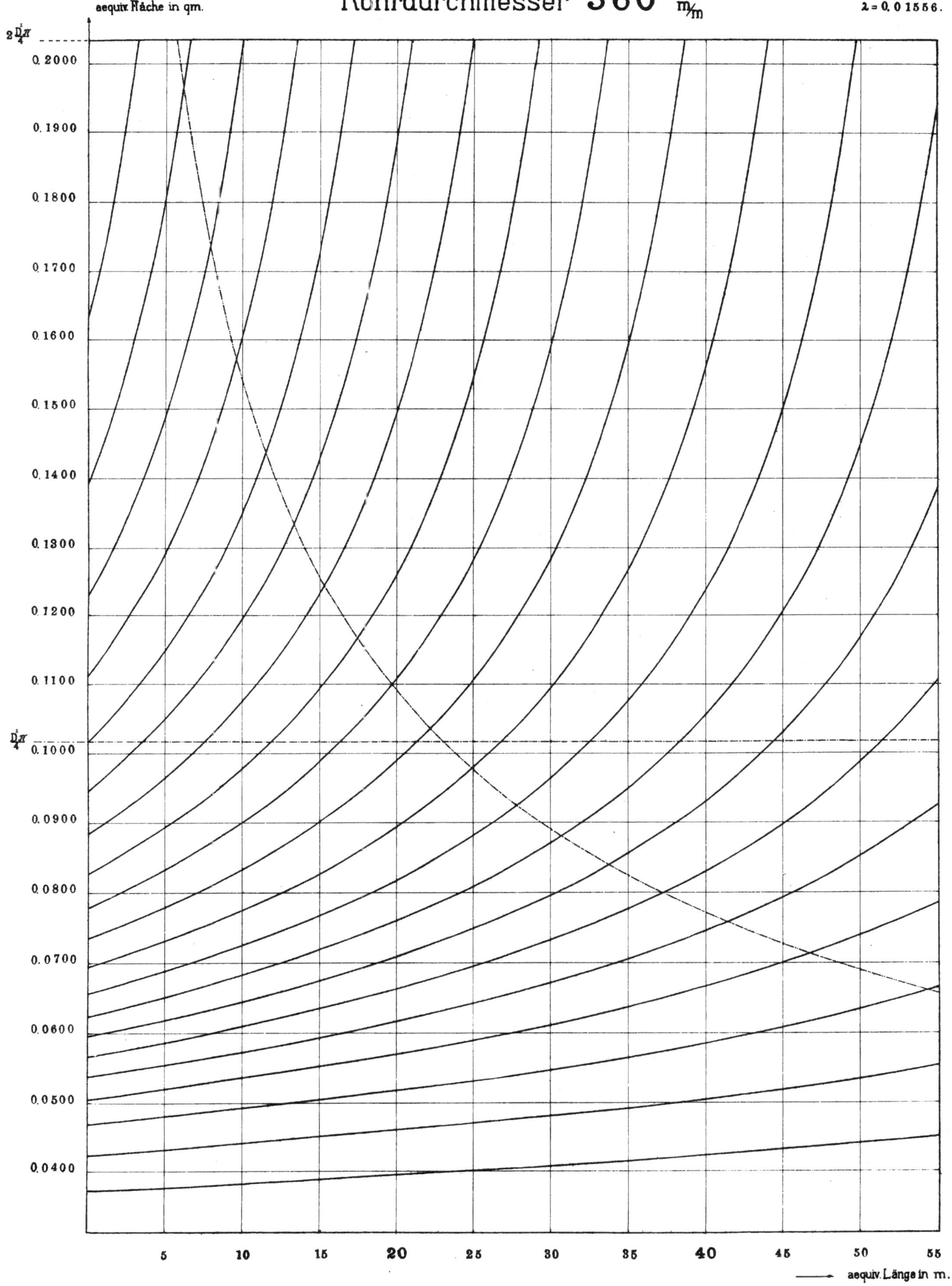

Rohrdurchmesser 370 m/m

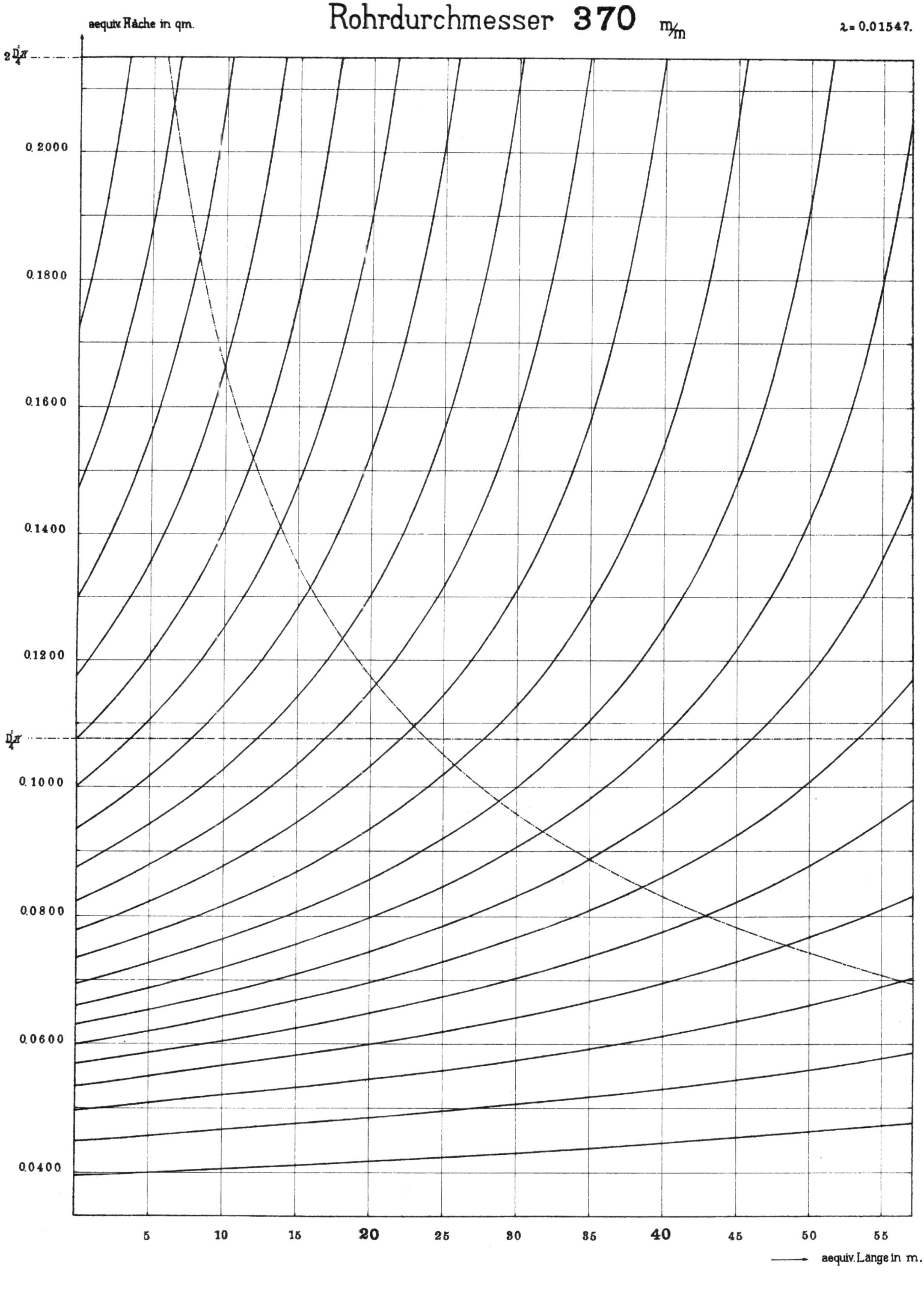

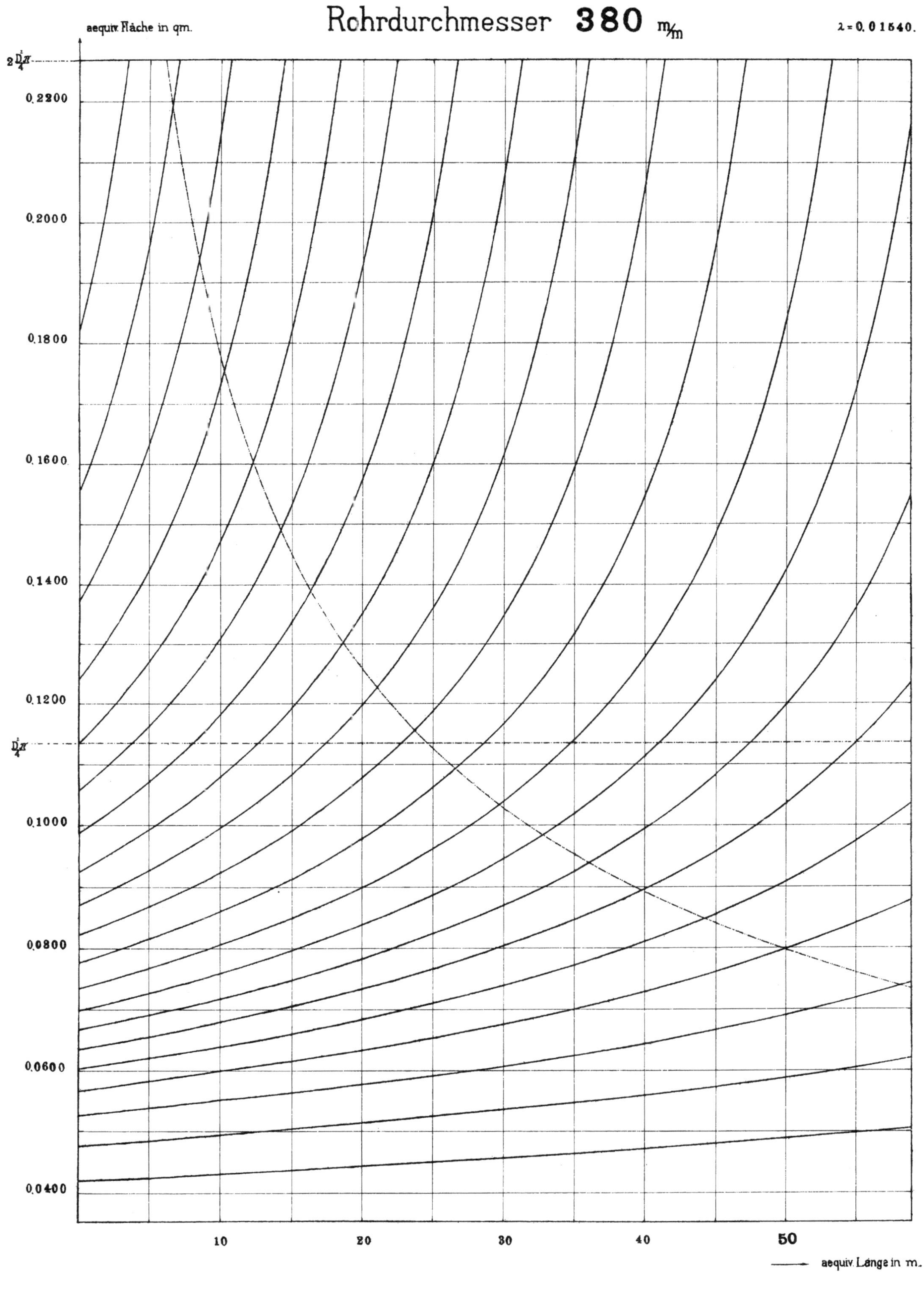
Rohrdurchmesser 380 m/m
aequiv. Fläche in qm.
λ = 0,01540.
$2\frac{D^2\pi}{4}$
0,2200
0,2000
0,1800
0,1600
0,1400
0,1200
$\frac{D^2\pi}{4}$
0,1000
0,0800
0,0600
0,0400
10
20
30
40
50
aequiv. Länge in m.

Rohrdurchmesser 390 m/m

$\lambda = 0.01582.$

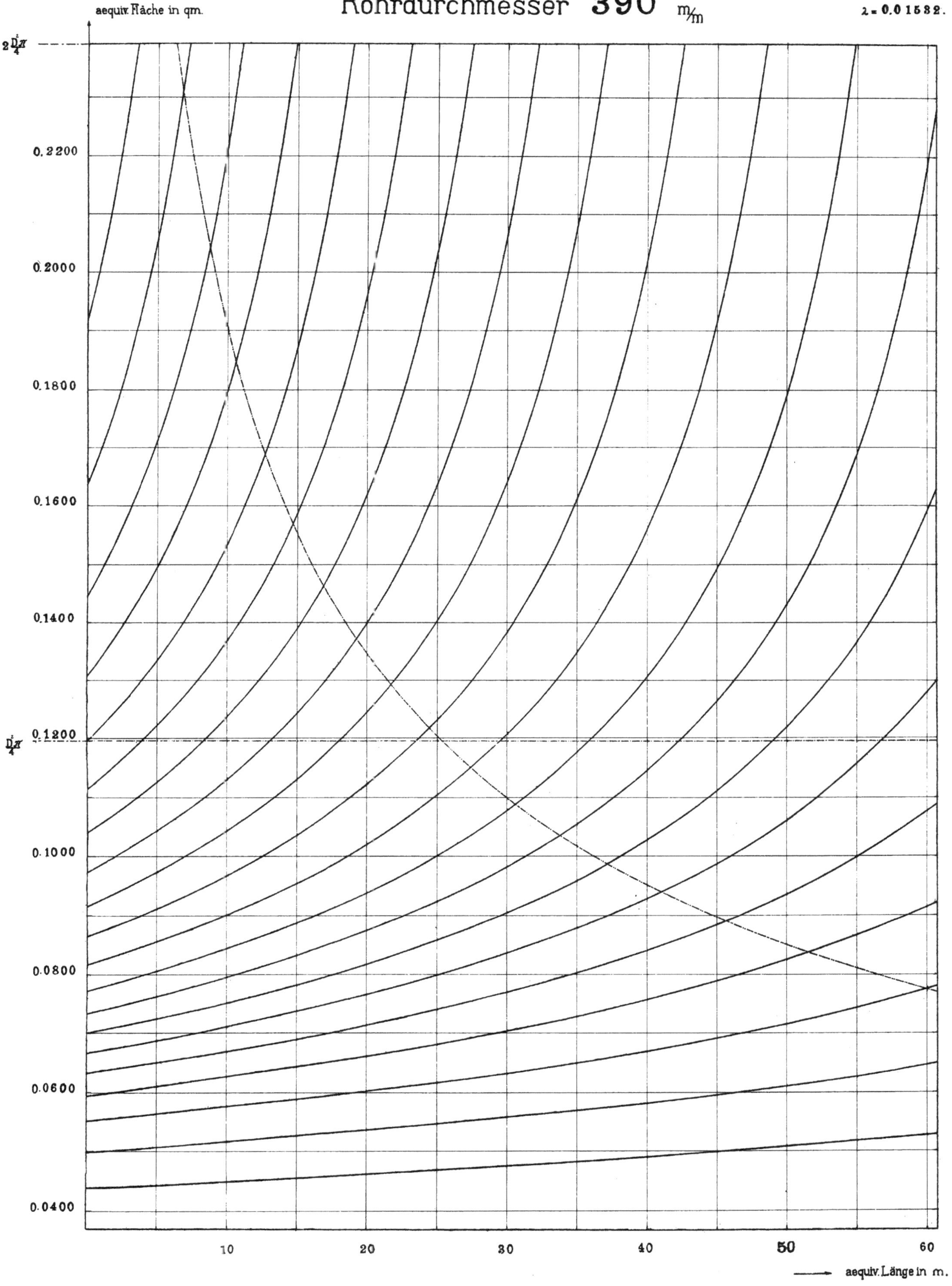

Rohrdurchmesser 400 m/m

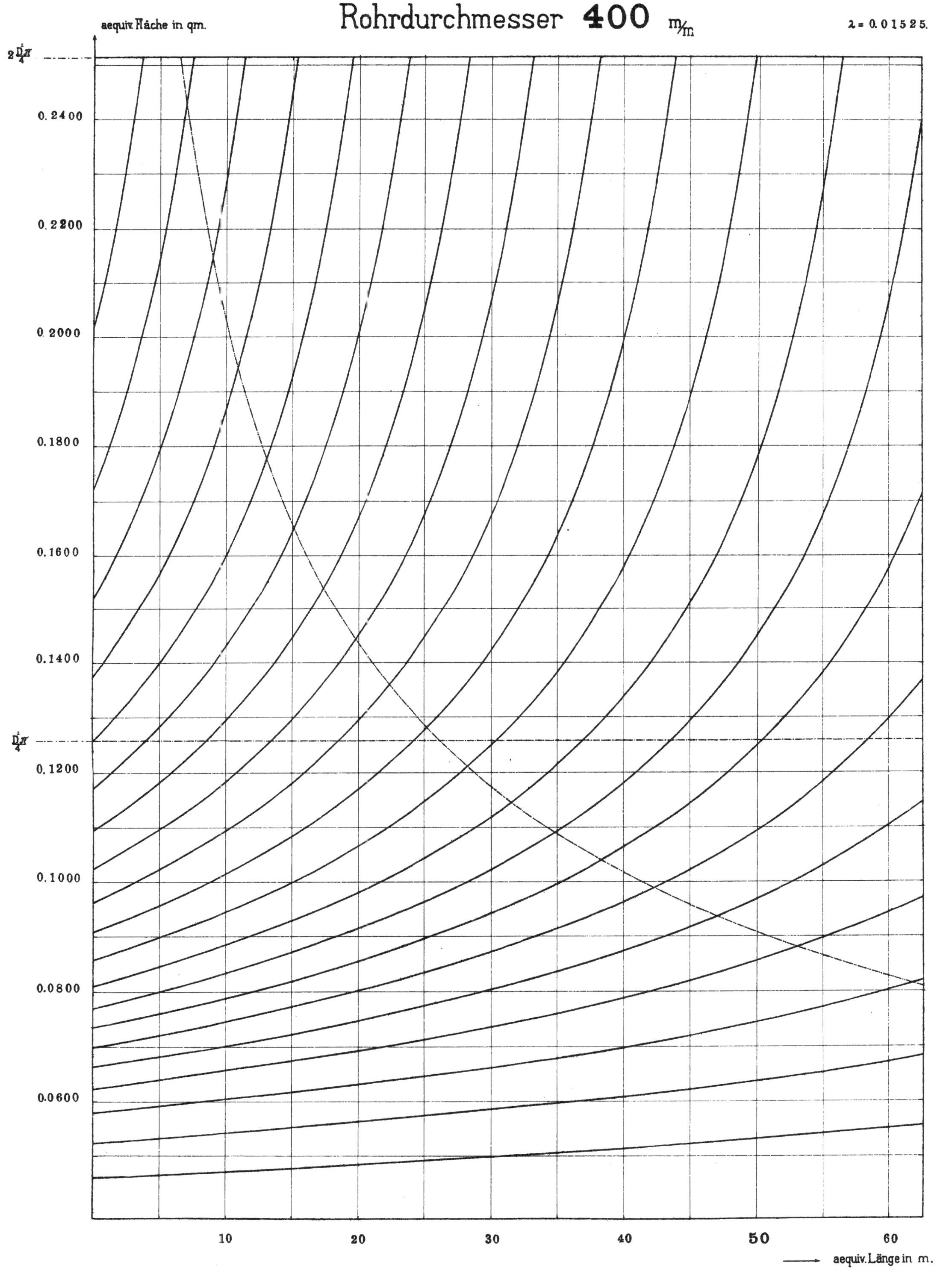

Rohrdurchmesser 410 m/m

λ = 0.01518.

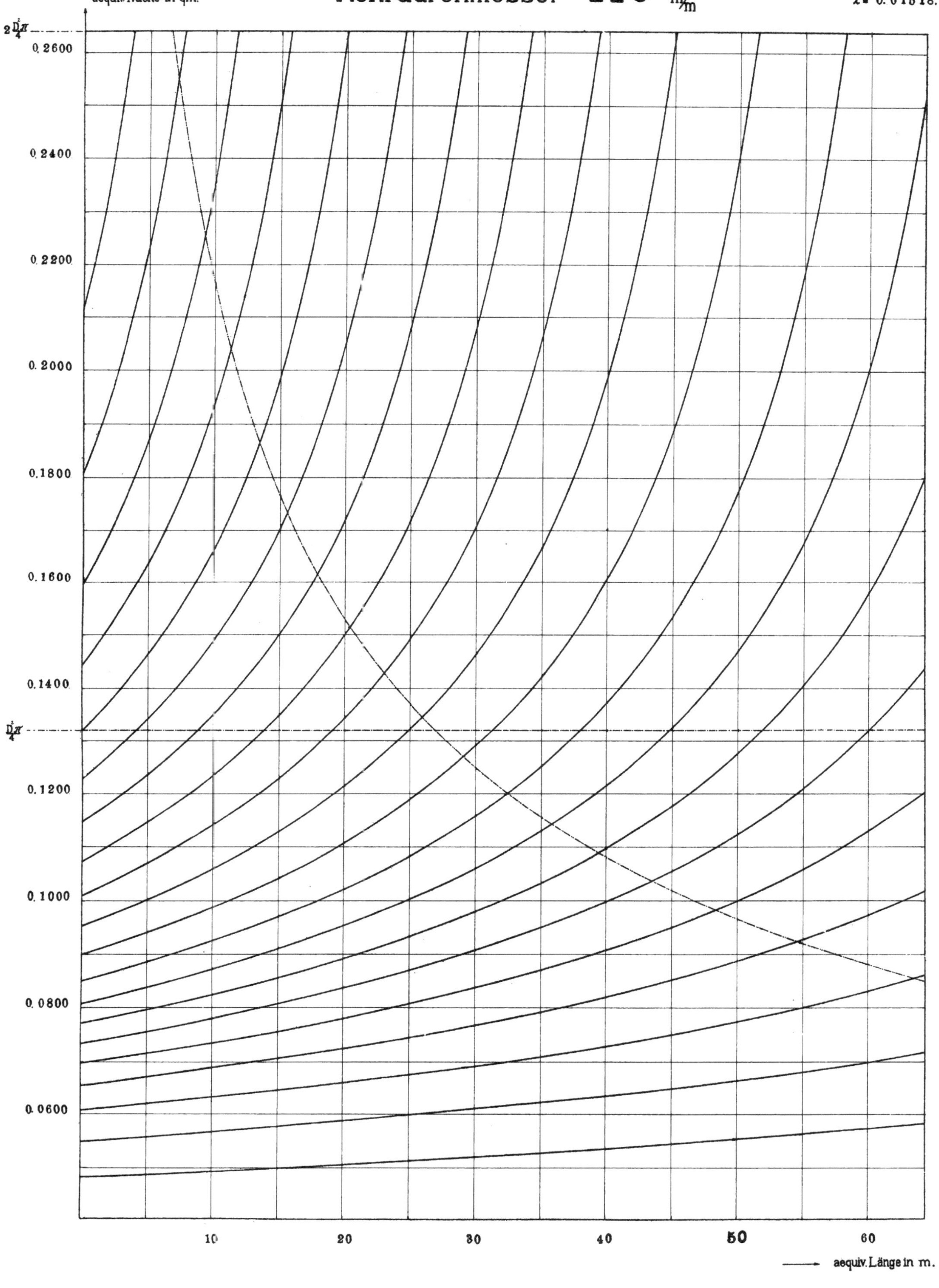

Rohrdurchmesser 420 m/m

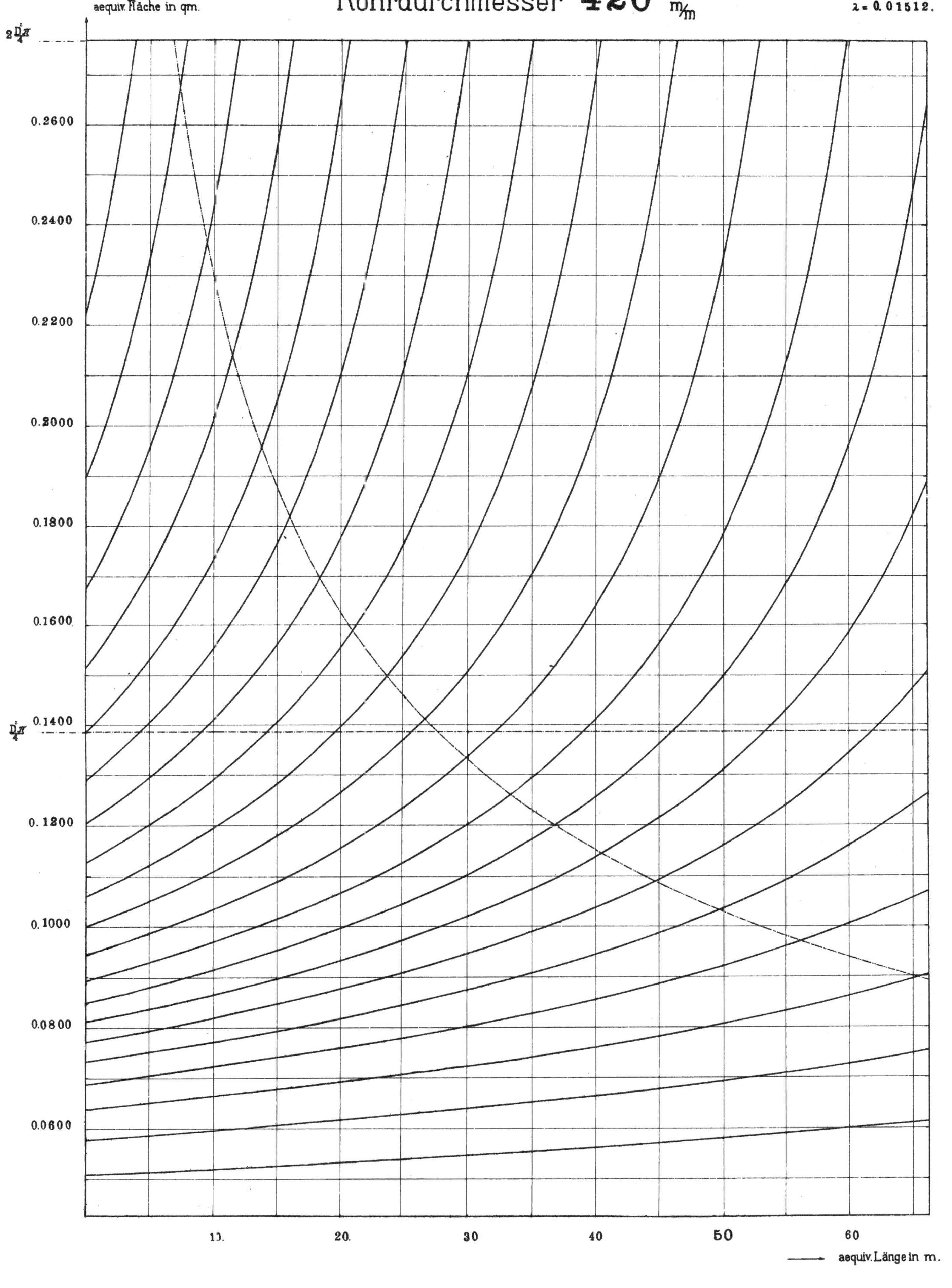

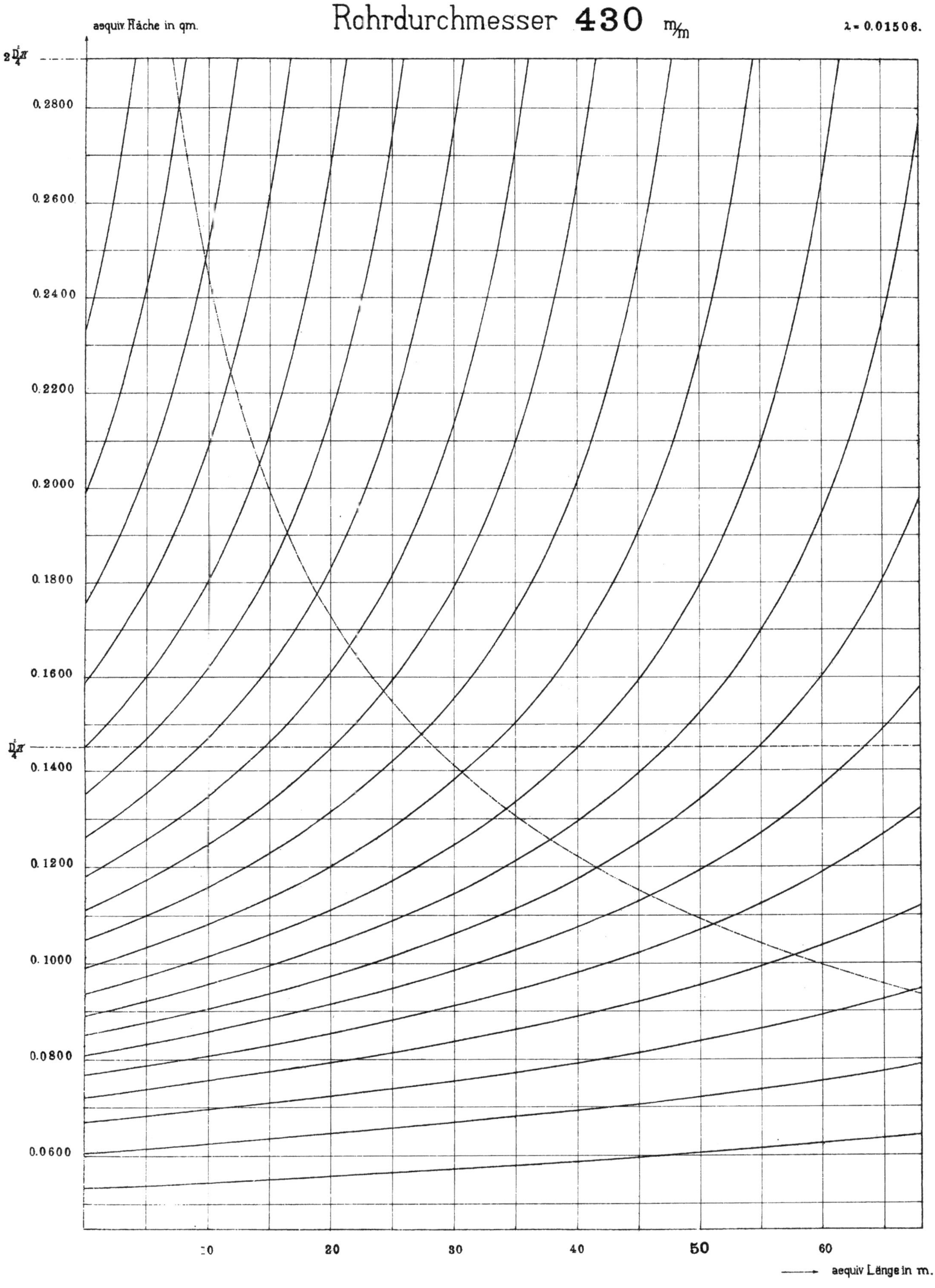
Rohrdurchmesser 430 m/m
aequiv. Fläche in qm.
λ = 0.01506.
2 D²π/4
0.2800
0.2600
0.2400
0.2200
0.2000
0.1800
0.1600
D²π/4
0.1400
0.1200
0.1000
0.0800
0.0600
10
20
30
40
50
60
aequiv. Länge in m.

Rohrdurchmesser 440 m/m

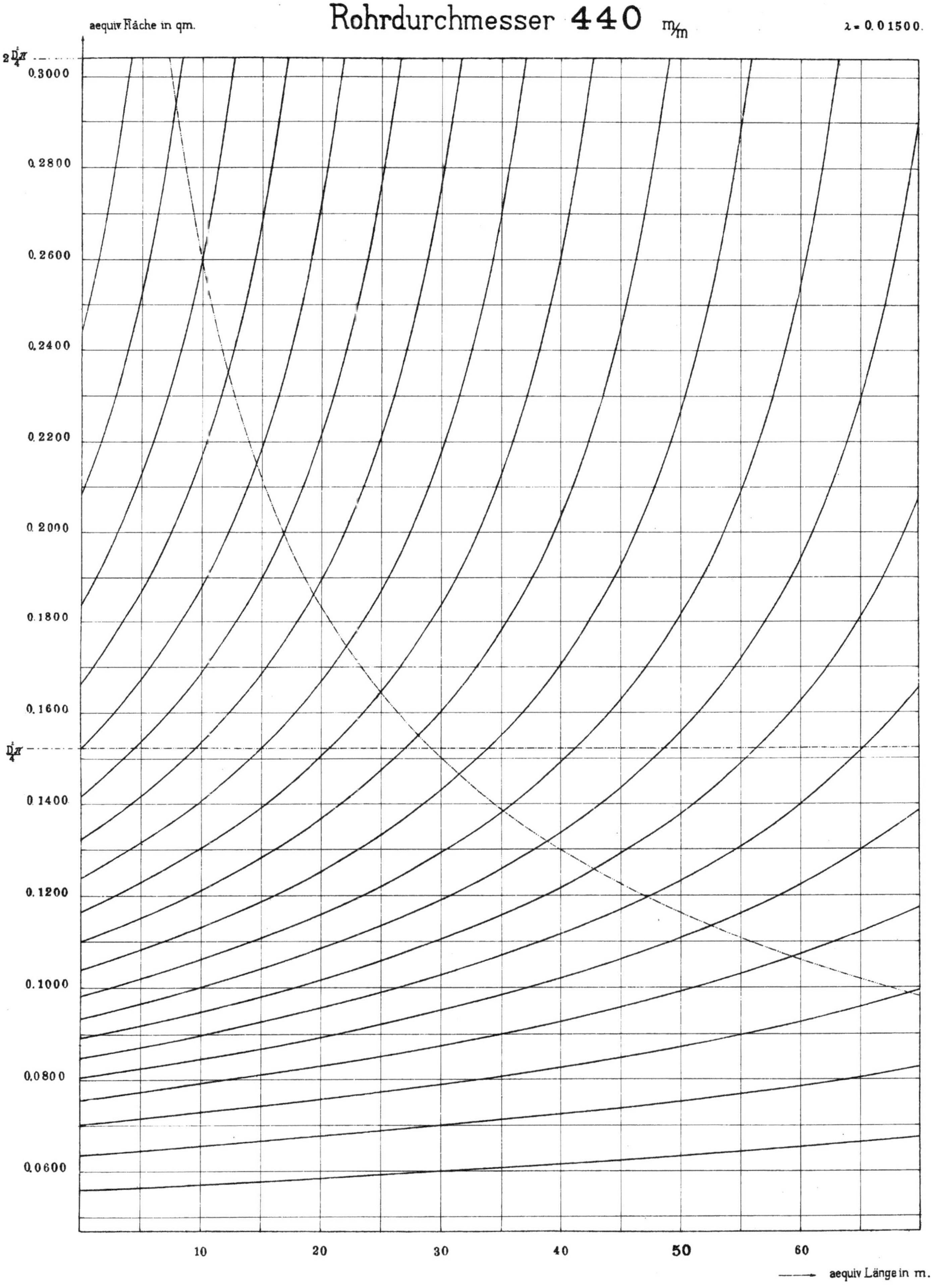

Rohrdurchmesser 450 m/m

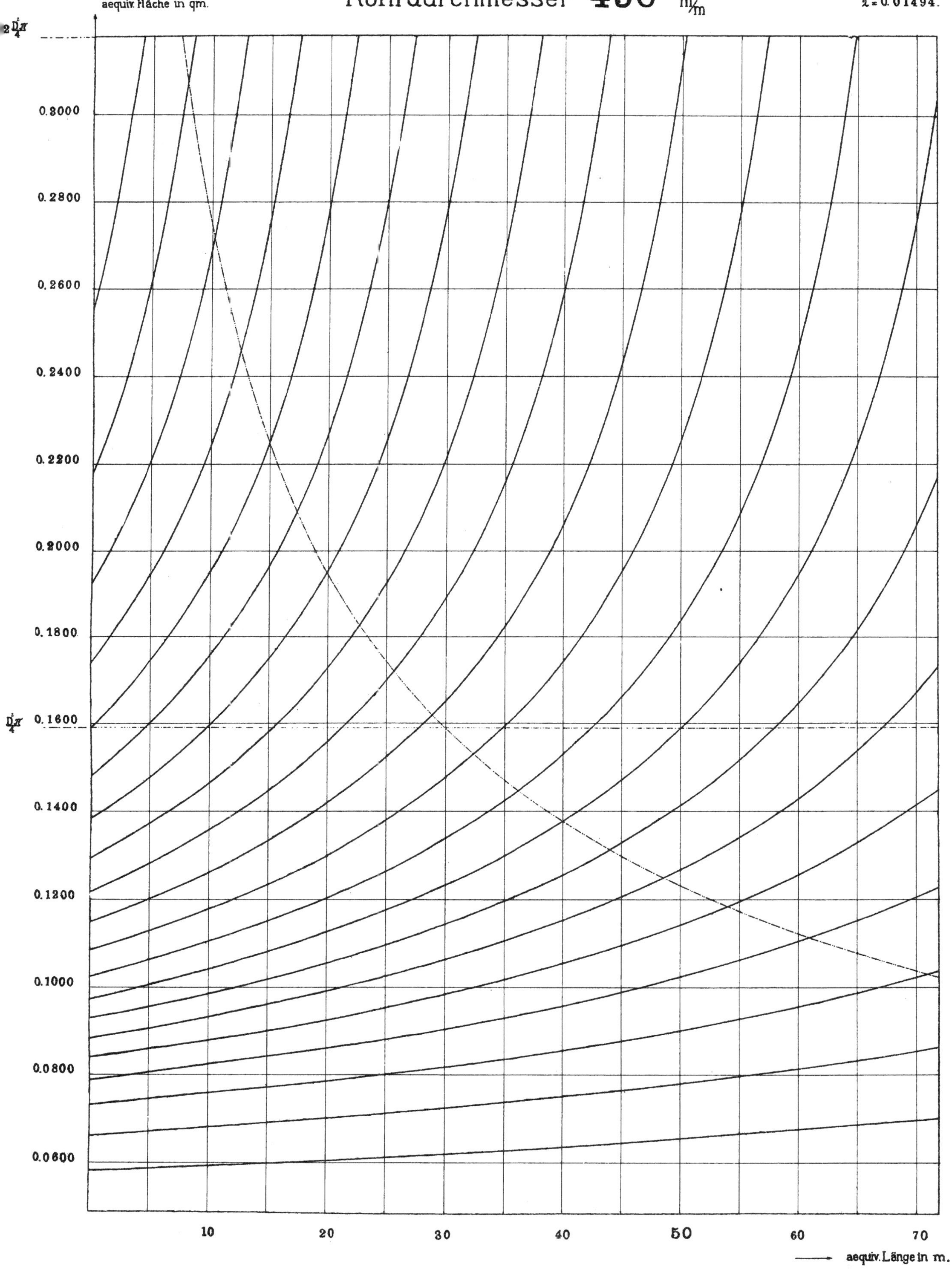

Rohrdurchmesser 460 m/m

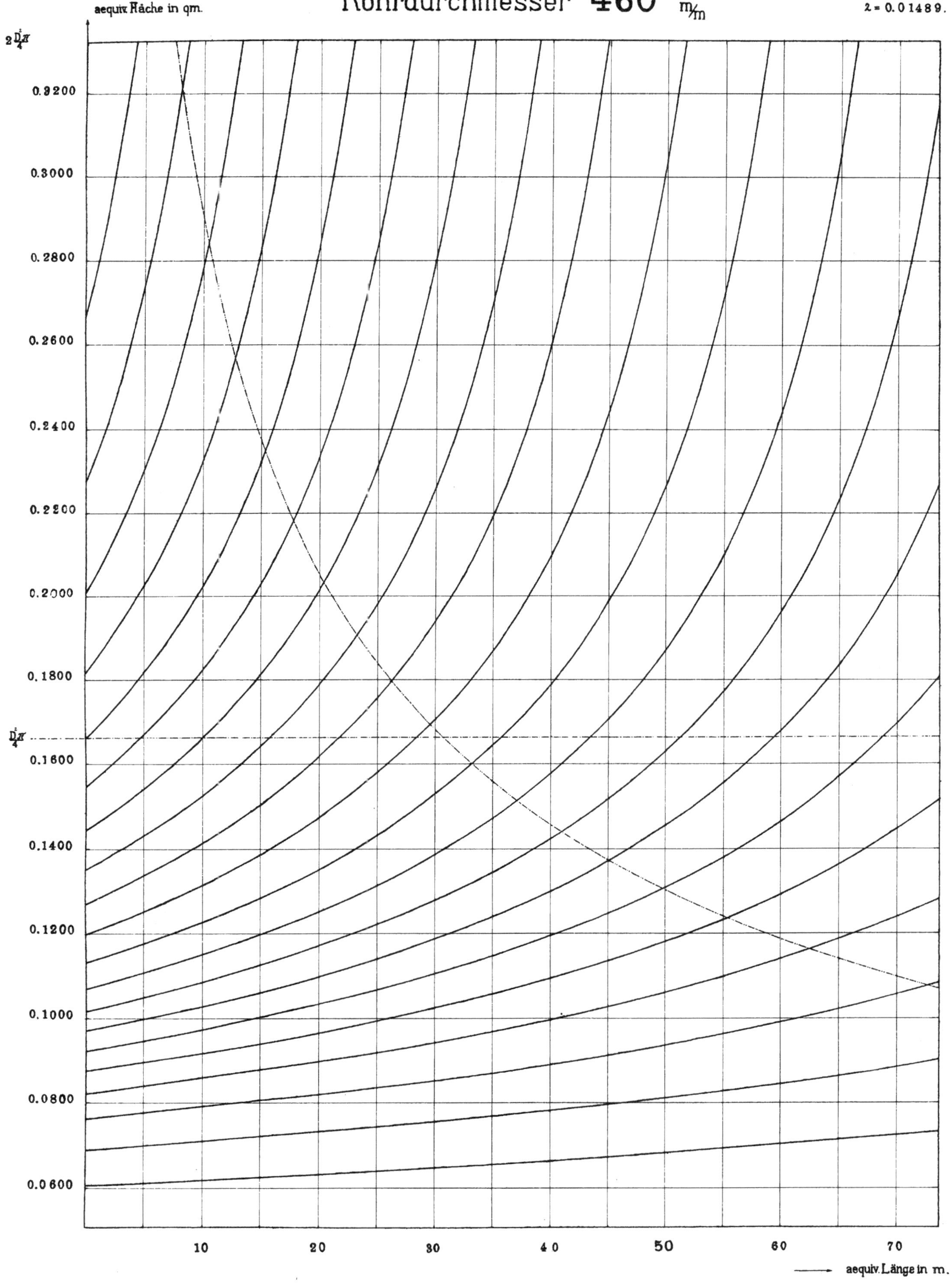

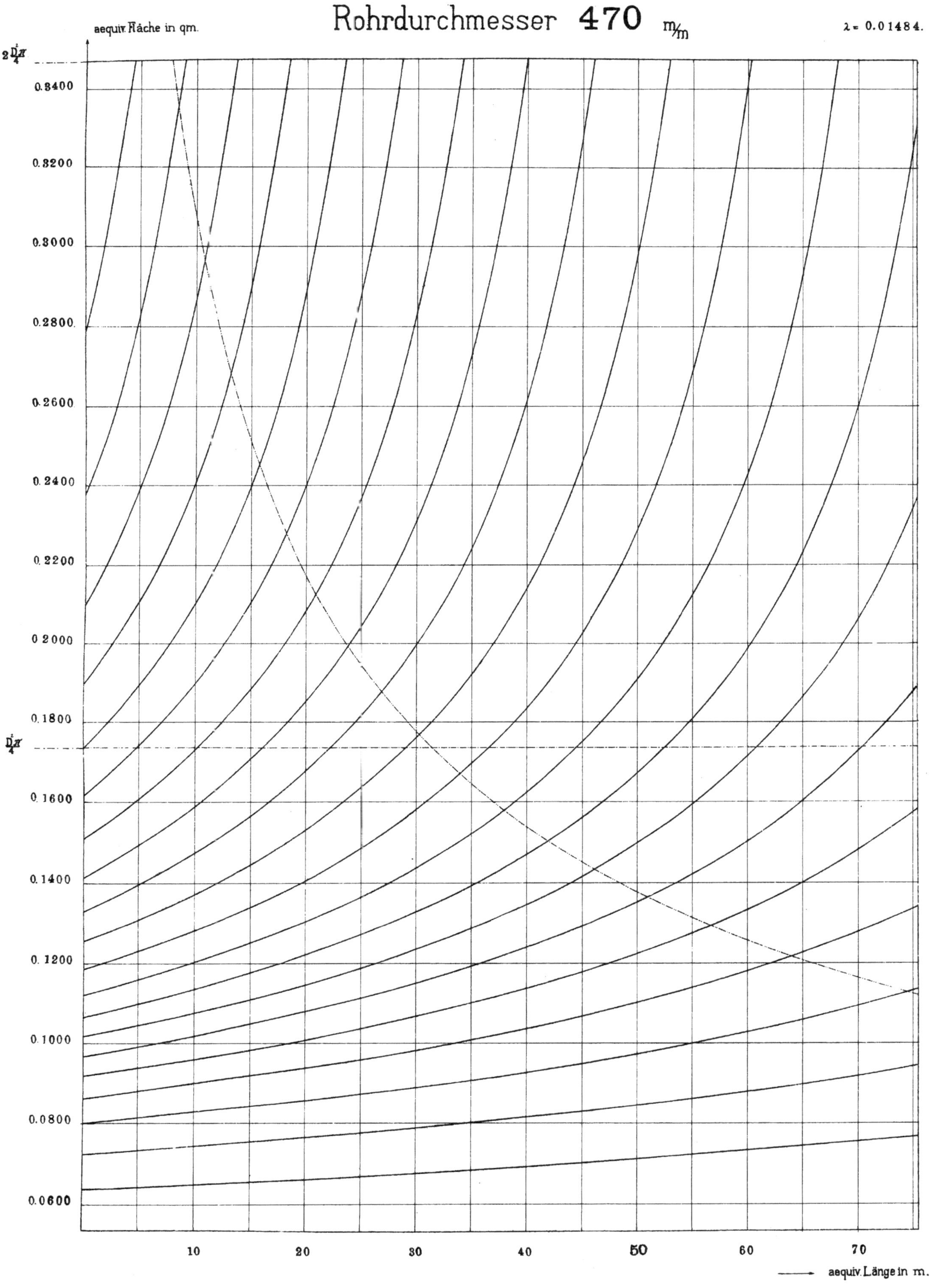

Rohrdurchmesser 470 m/m
aequiv. Fläche in qm.
λ = 0.01484.
$2\frac{D^2\pi}{4}$
0.3400
0.3200
0.3000
0.2800
0.2600
0.2400
0.2200
0.2000
0.1800
$\frac{D^2\pi}{4}$
0.1600
0.1400
0.1200
0.1000
0.0800
0.0600
10
20
30
40
50
60
70
aequiv. Länge in m.

Rohrdurchmesser 480 m/m

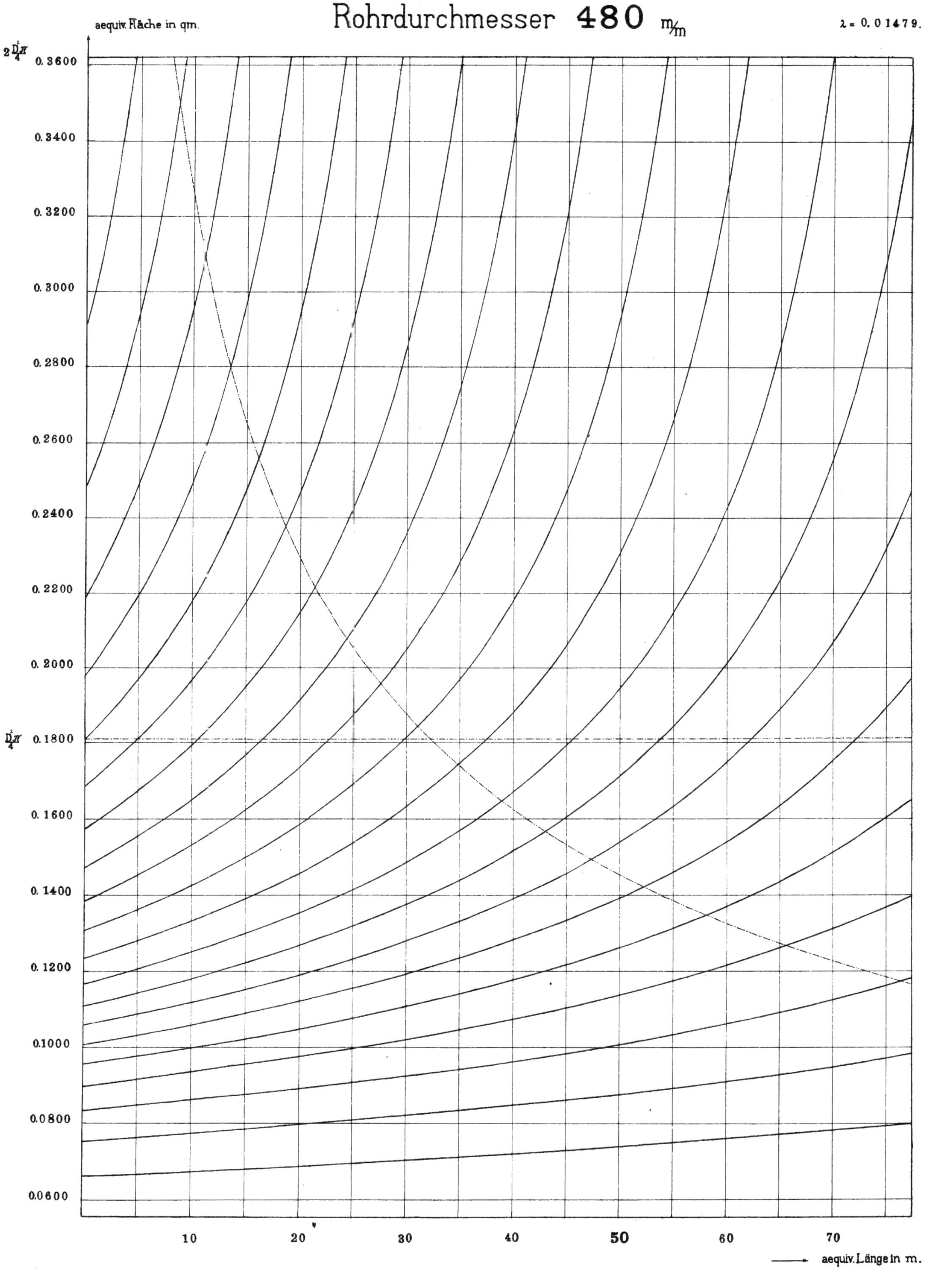

Rohrdurchmesser 490 m/m

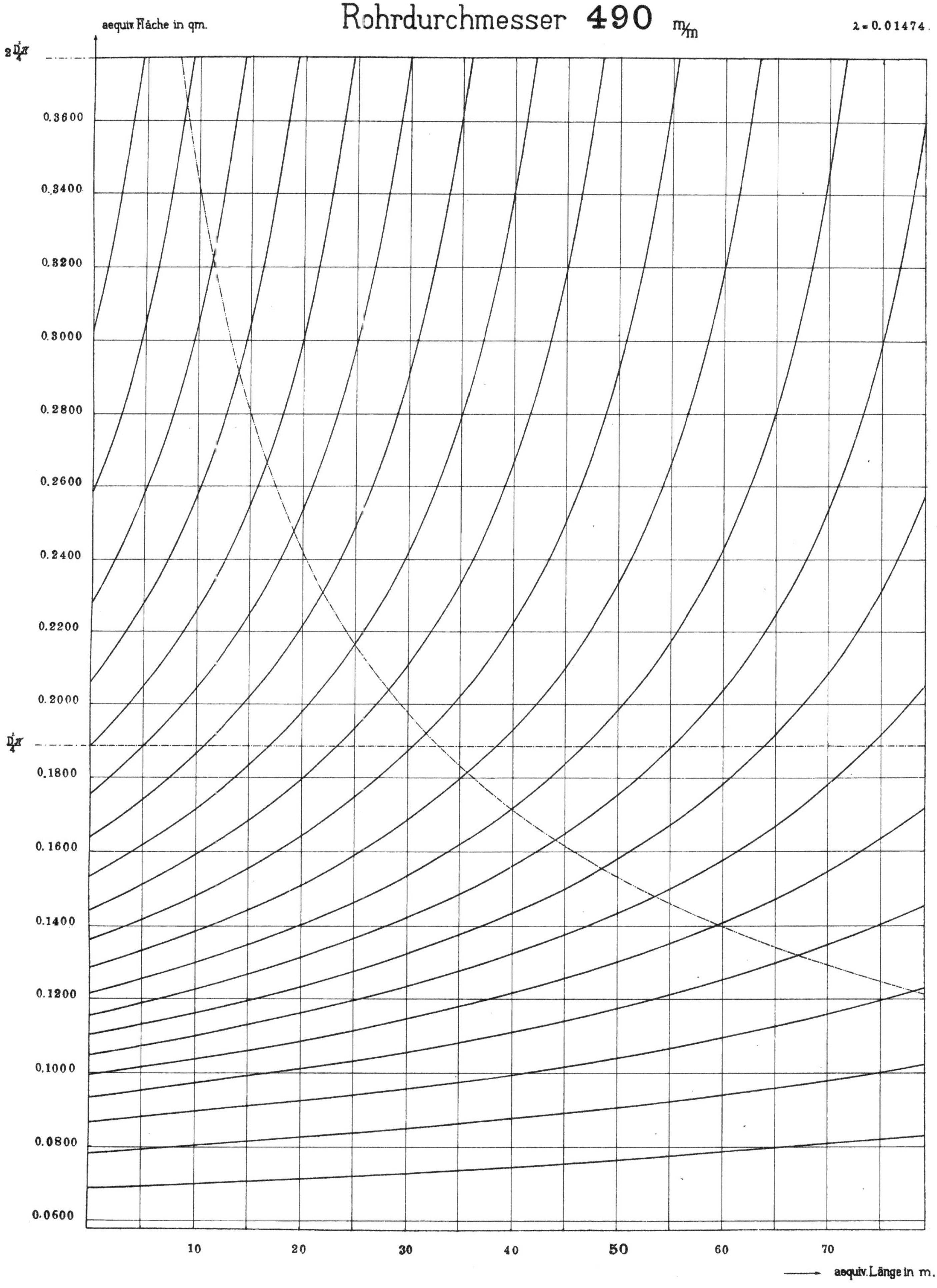

Rohrdurchmesser 500 m/m

$\lambda = 0.01470.$

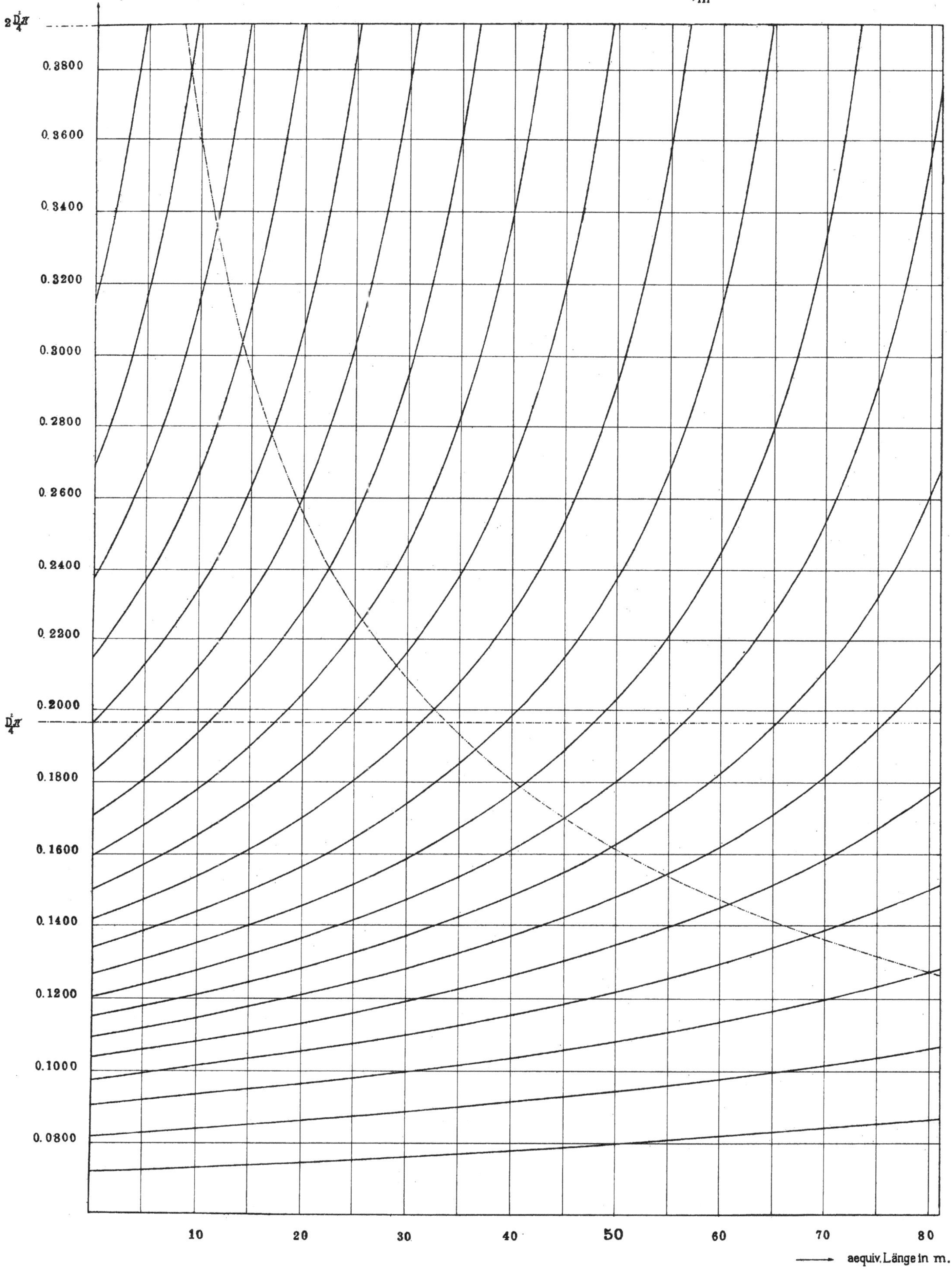

Rohrdurchmesser **520** m/m

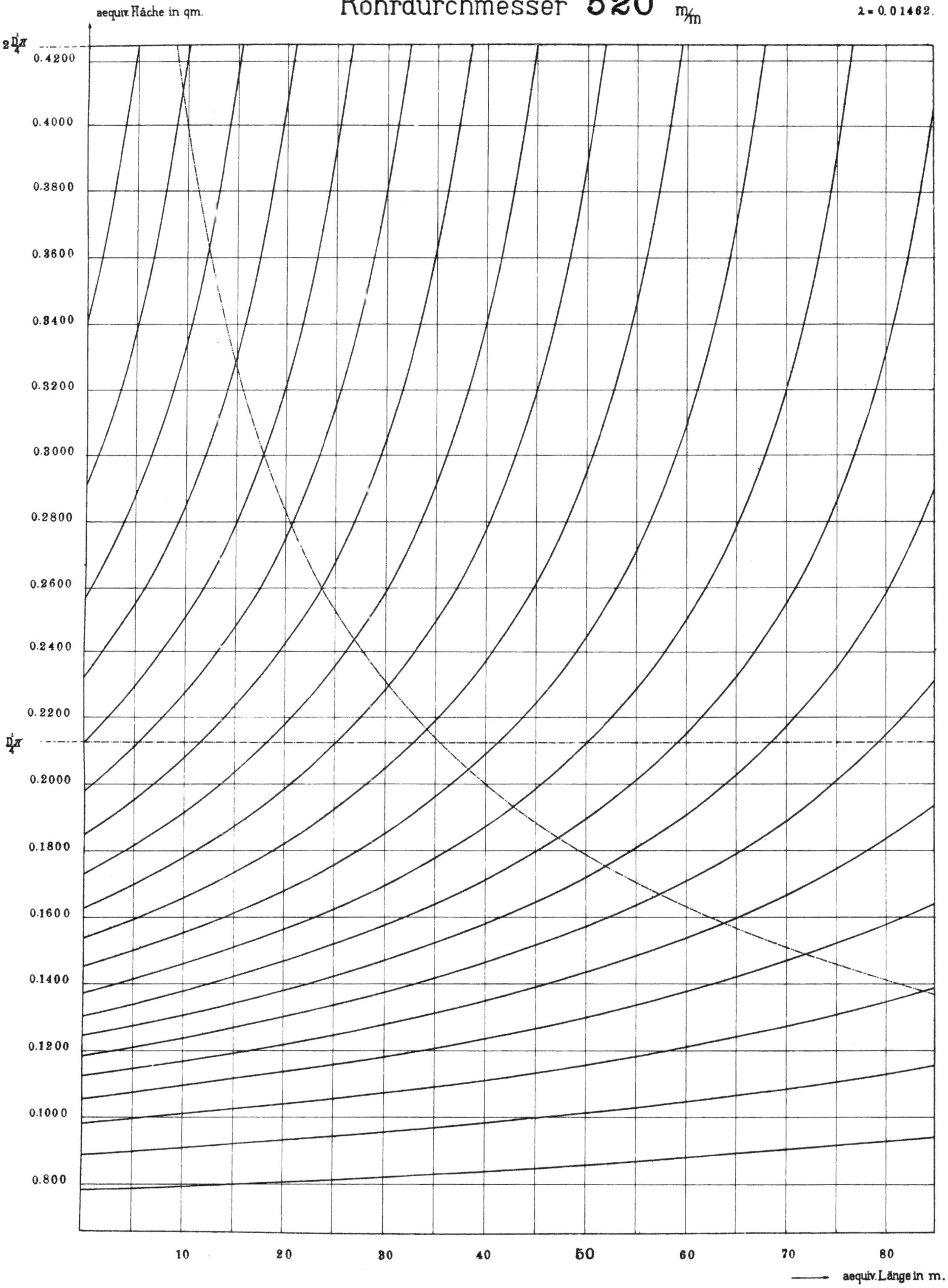

Rohrdurchmesser 540 m/m

λ = 0.01454.

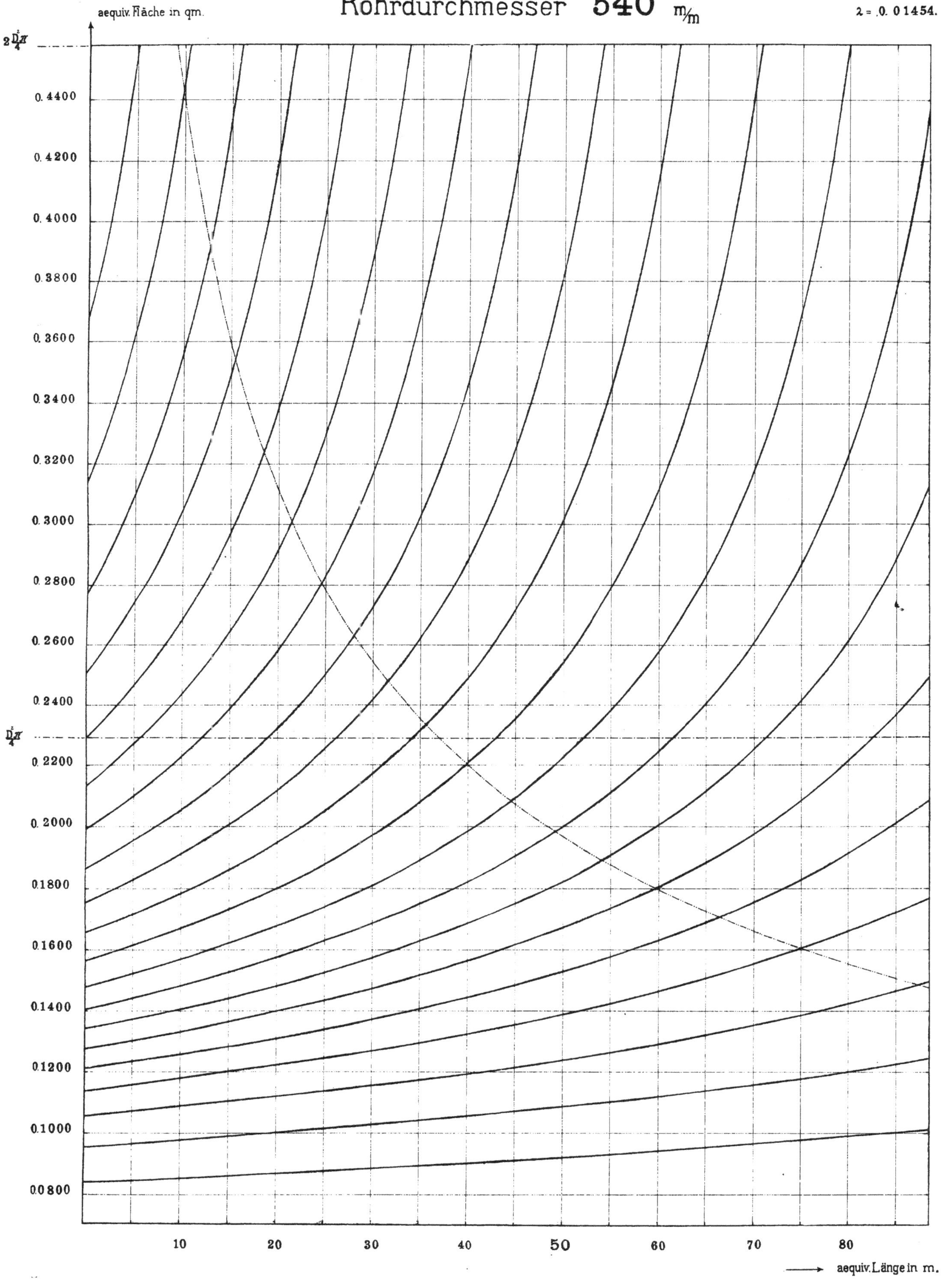

Rohrdurchmesser 560 m/m

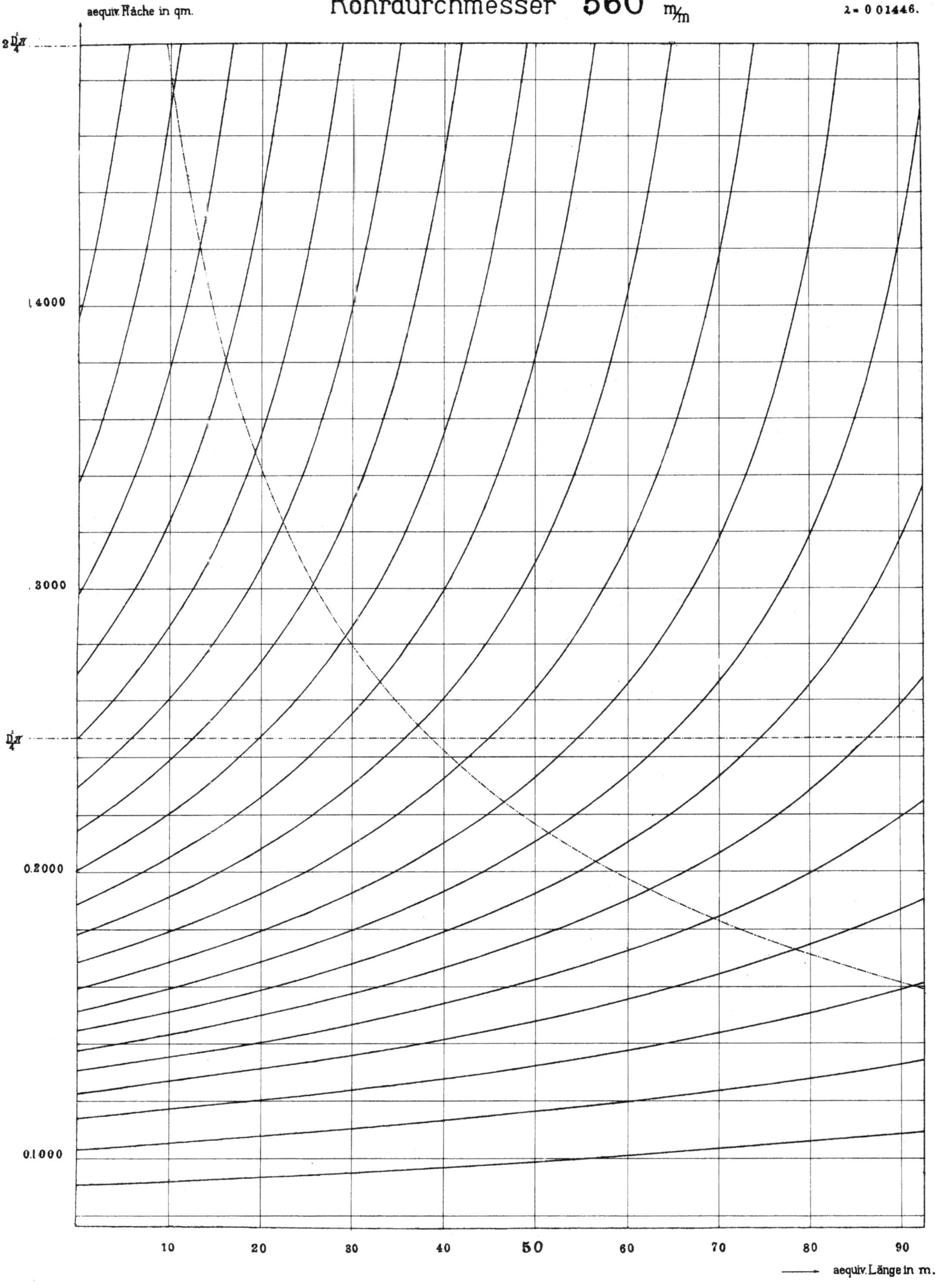

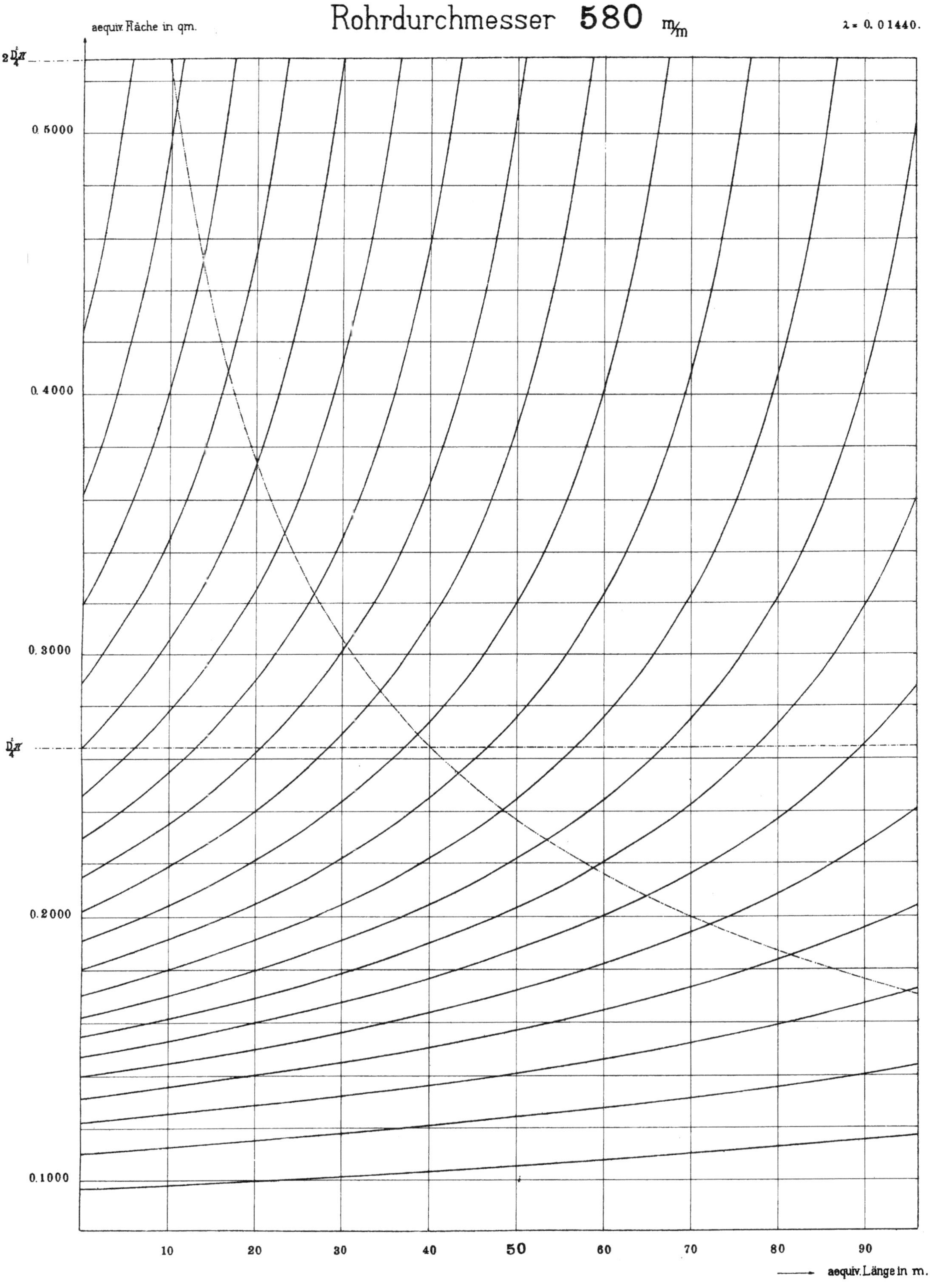

Rohrdurchmesser 580 m/m
aequiv. Fläche in qm.
λ = 0.01440.
$2\frac{D^2\pi}{4}$
0.5000
0.4000
0.3000
$\frac{D^2\pi}{4}$
0.2000
0.1000
10
20
30
40
50
60
70
80
90
aequiv. Länge in m.

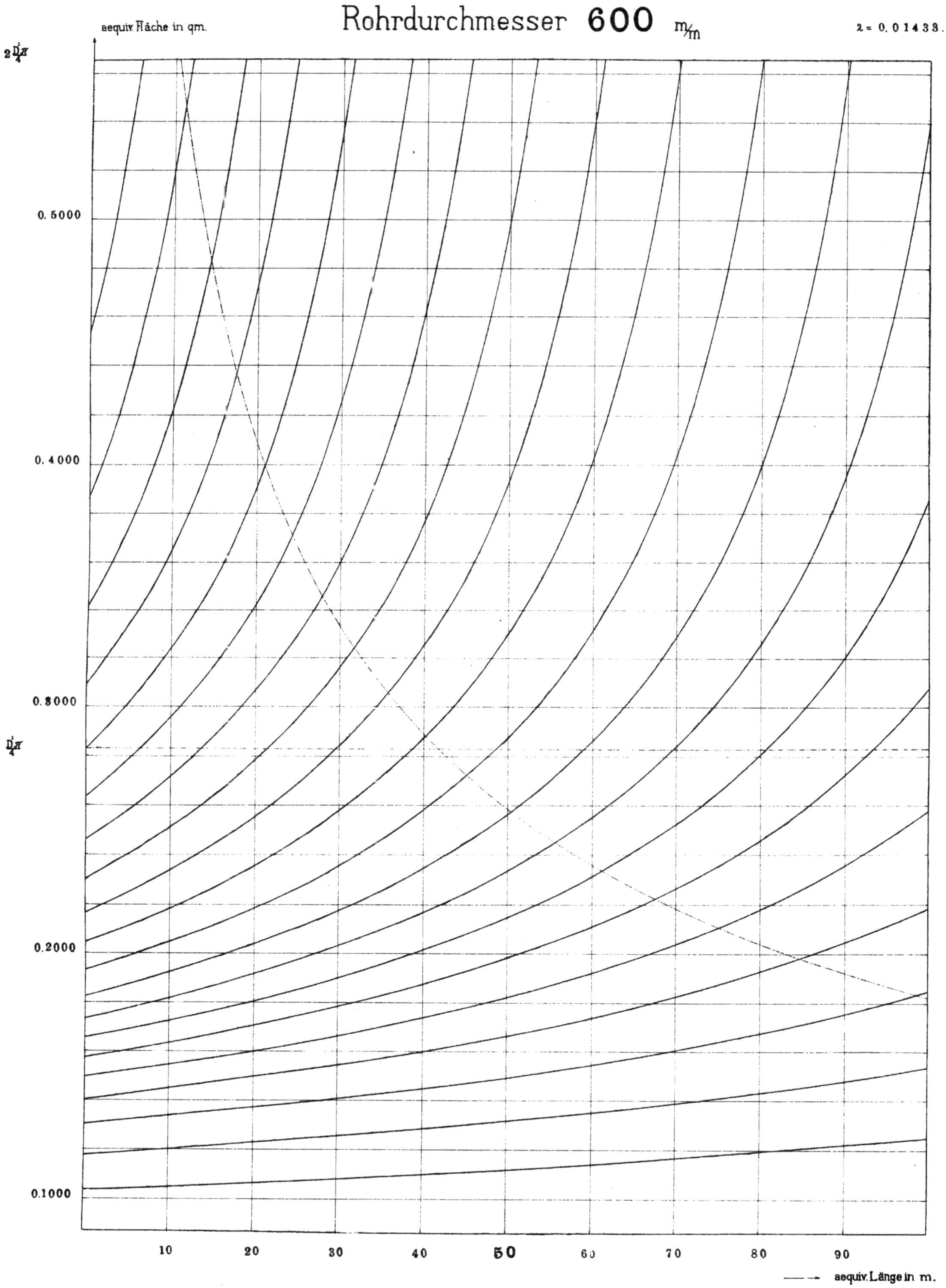

Rohrdurchmesser 600 m/m
aequiv. Fläche in qm.
λ = 0.01433.
2 D²π/4
0.5000
0.4000
0.3000
D²π/4
0.2000
0.1000
10
20
30
40
50
60
70
80
90
aequiv. Länge in m.

Rohrdurchmesser 620 m/m

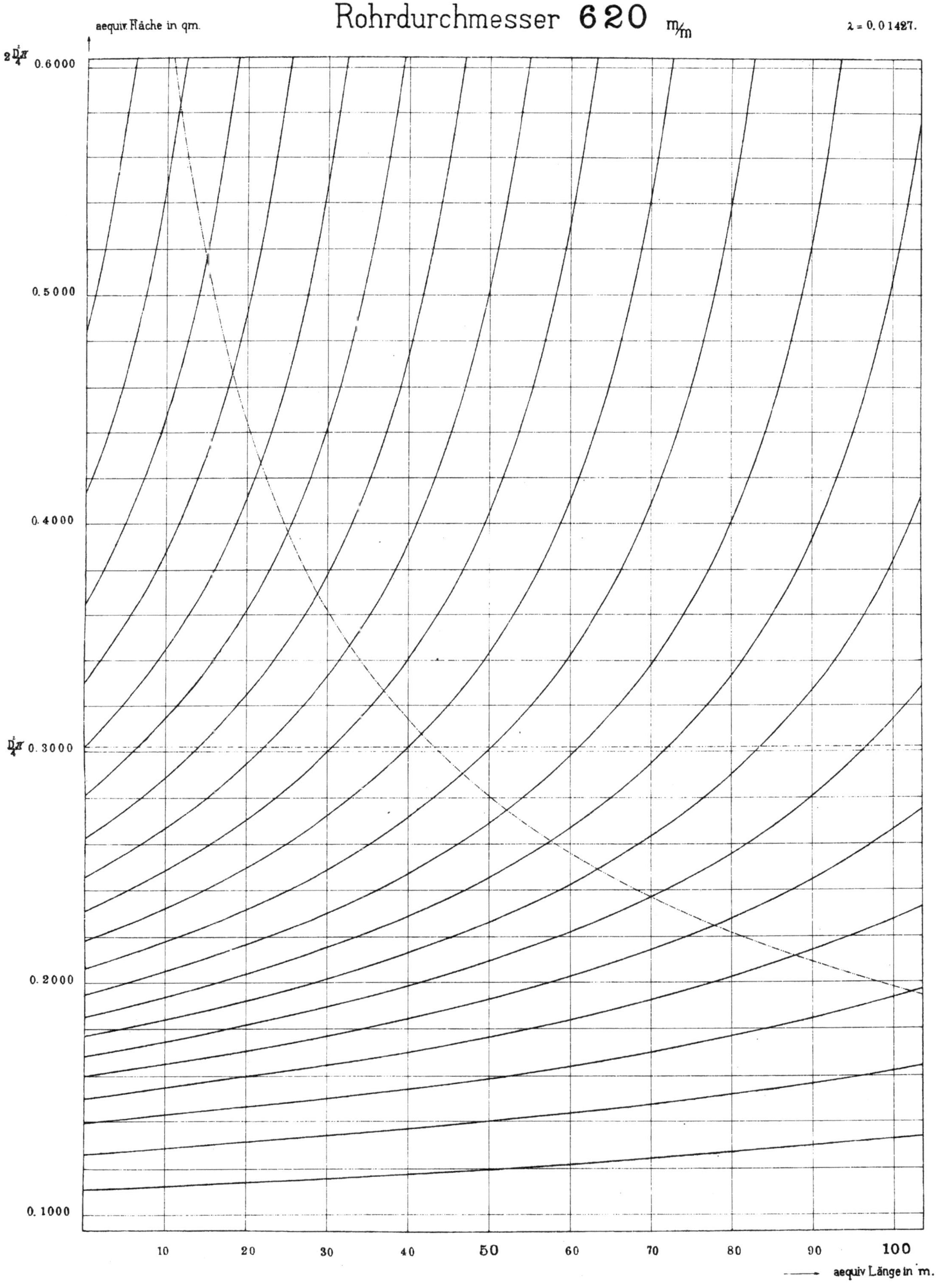

Rohrdurchmesser 640 m/m

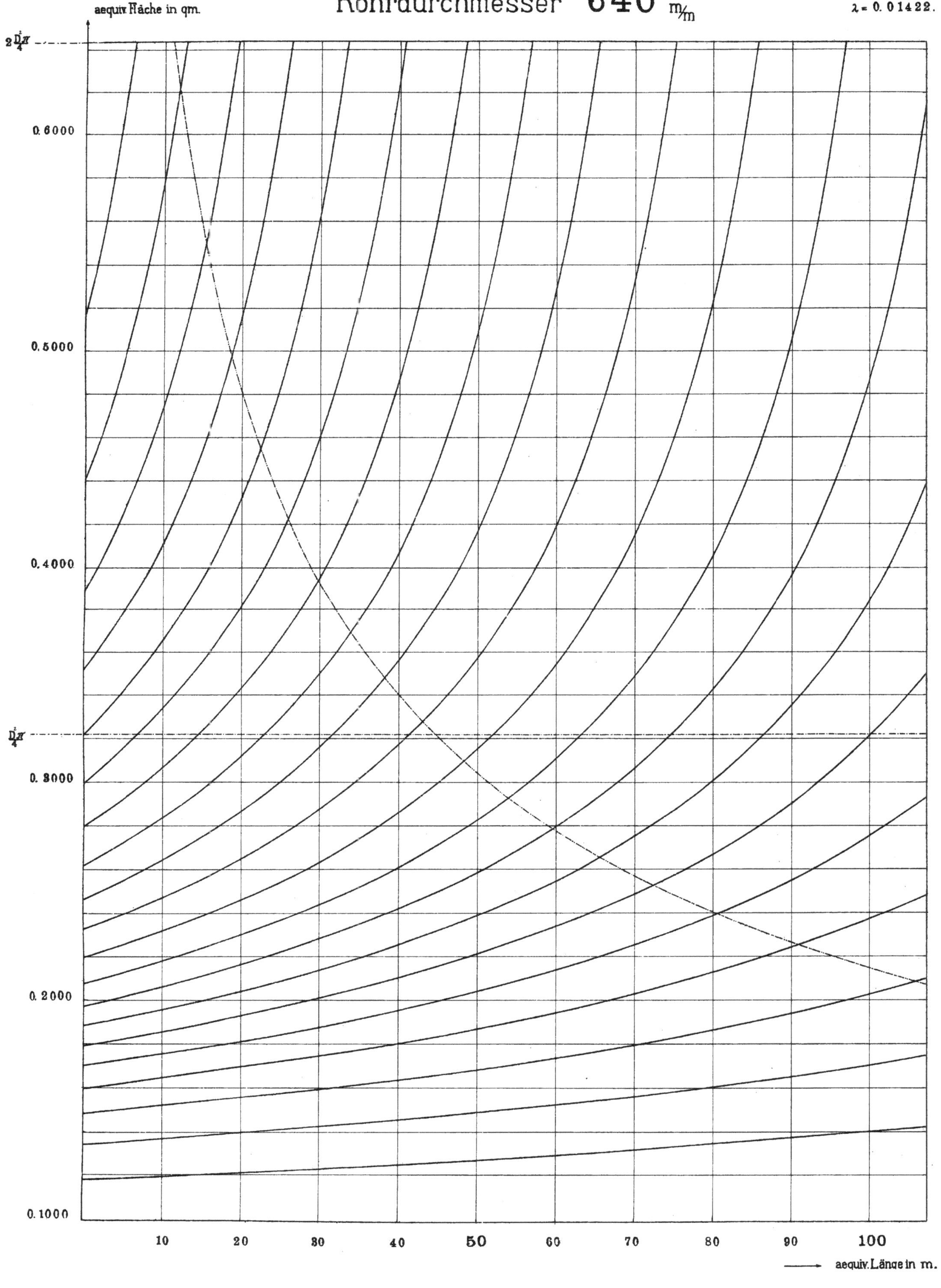

Rohrdurchmesser 660 m/m

$\lambda = 0.01417.$

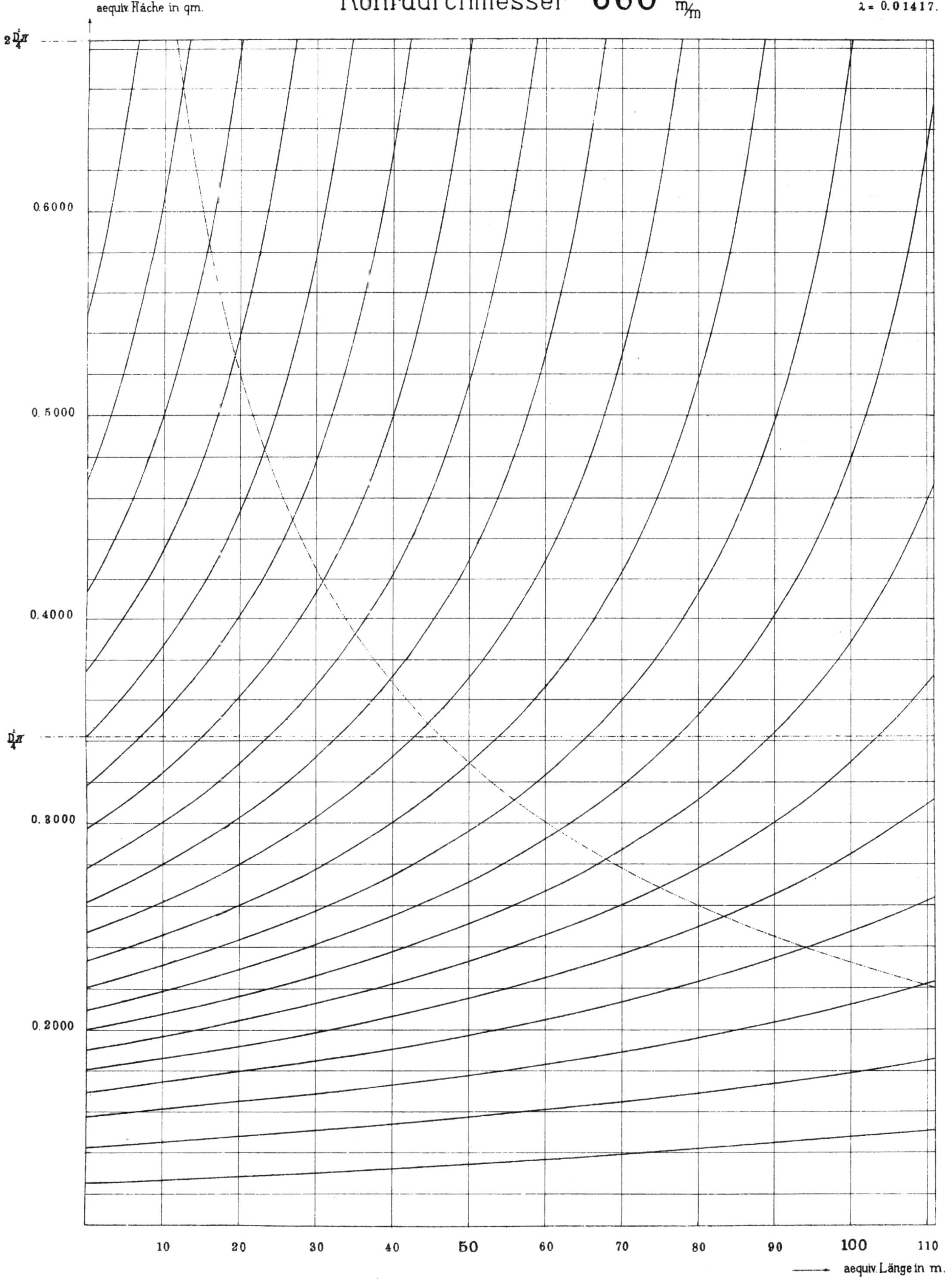

Rohrdurchmesser 680 m/m

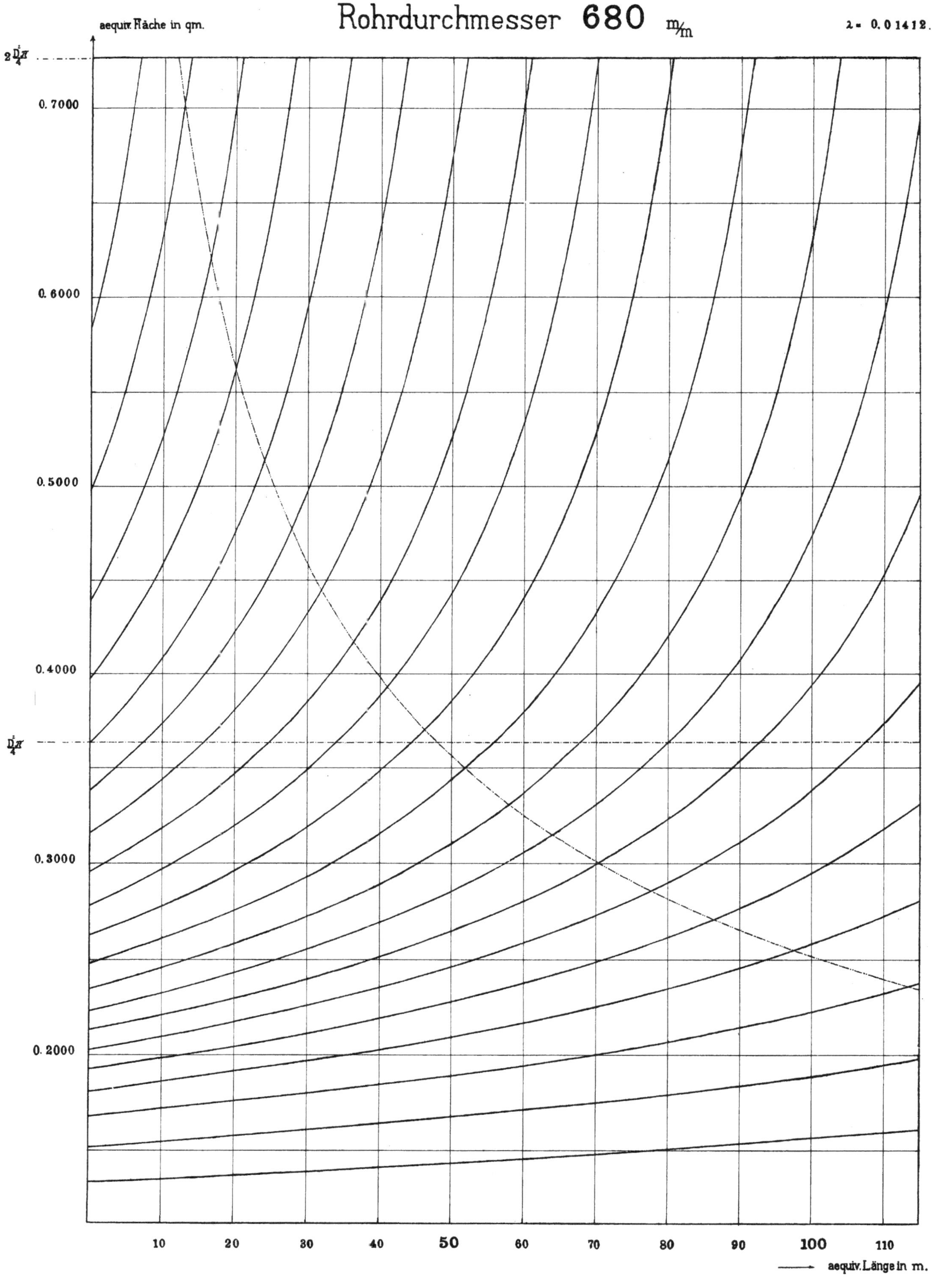

Rchrdurchmesser 700 m/m

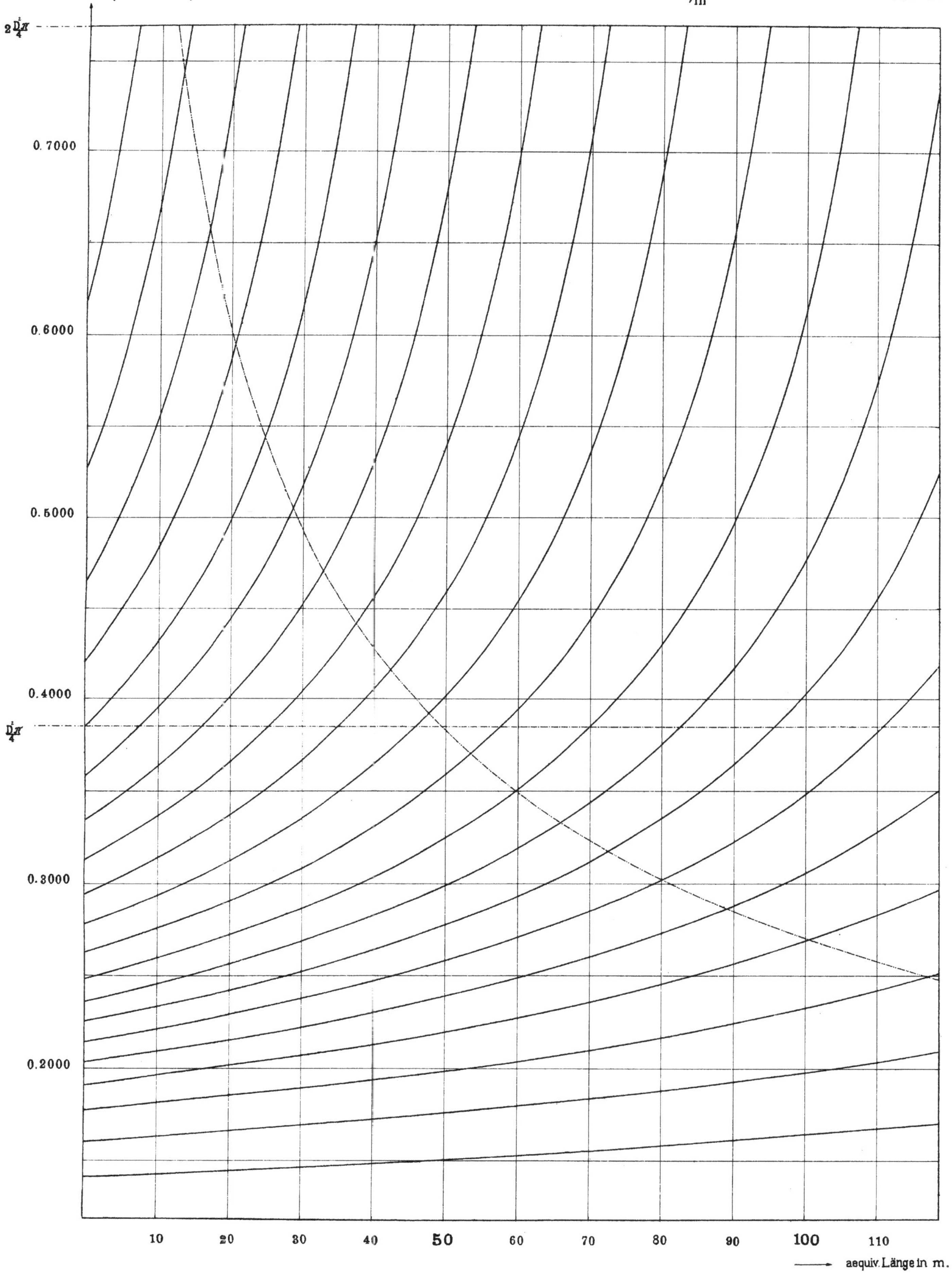

Rohrdurchmesser 720 m/m

$\lambda = 0.01403.$

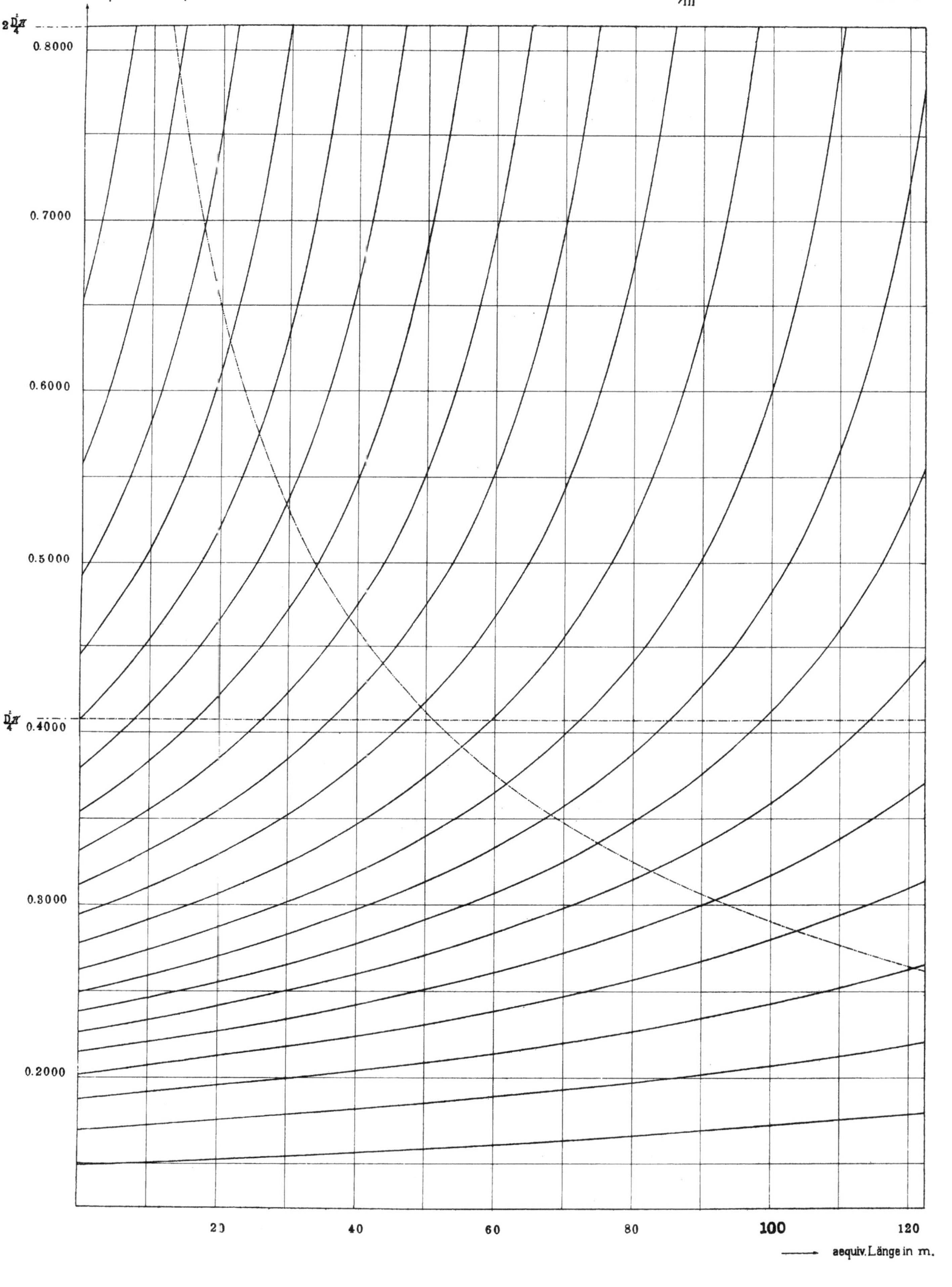

Rohrdurchmesser 740 m/m

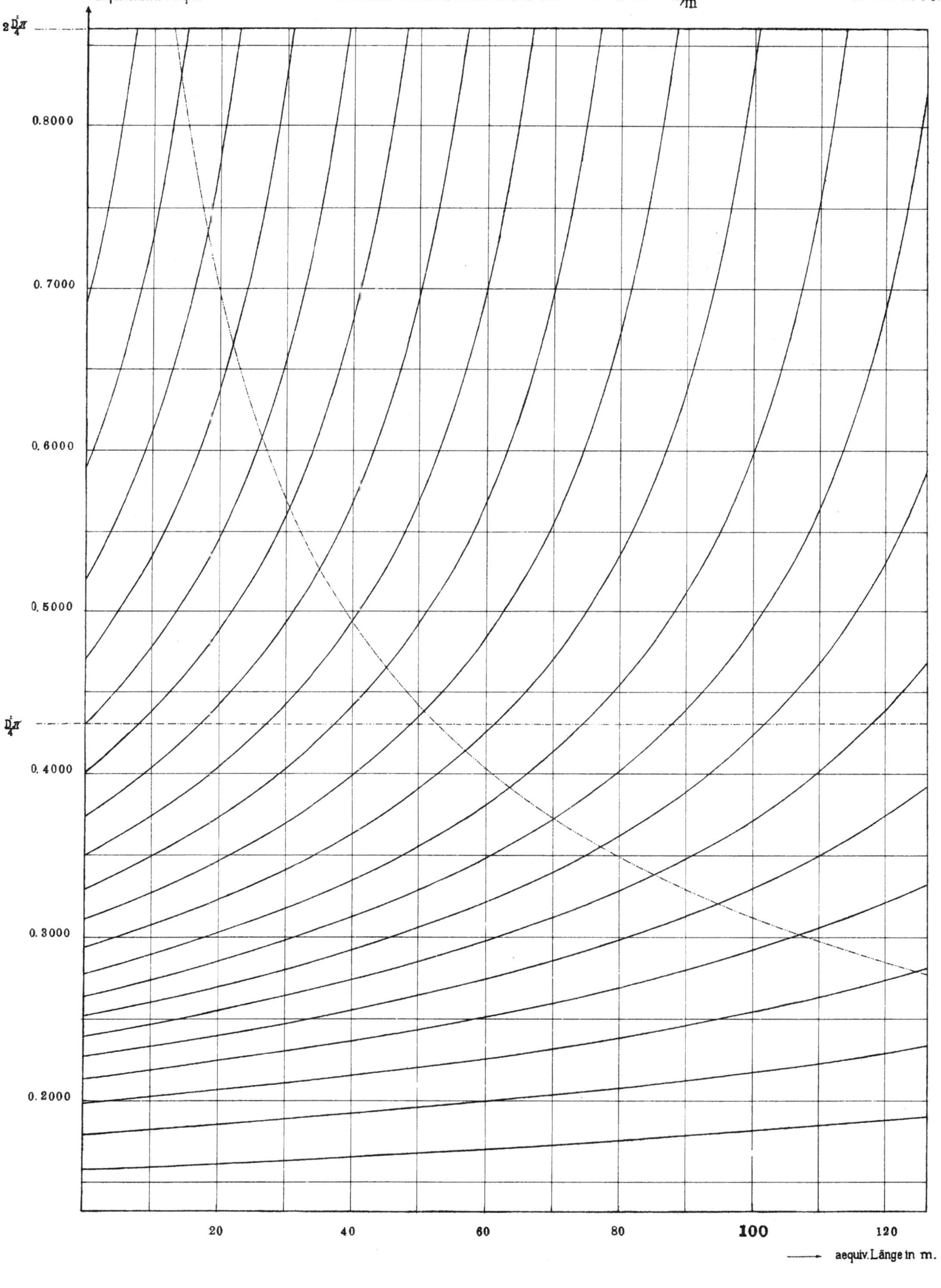

Rohrdurchmesser **760** m/m

$\lambda = 0.01895.$

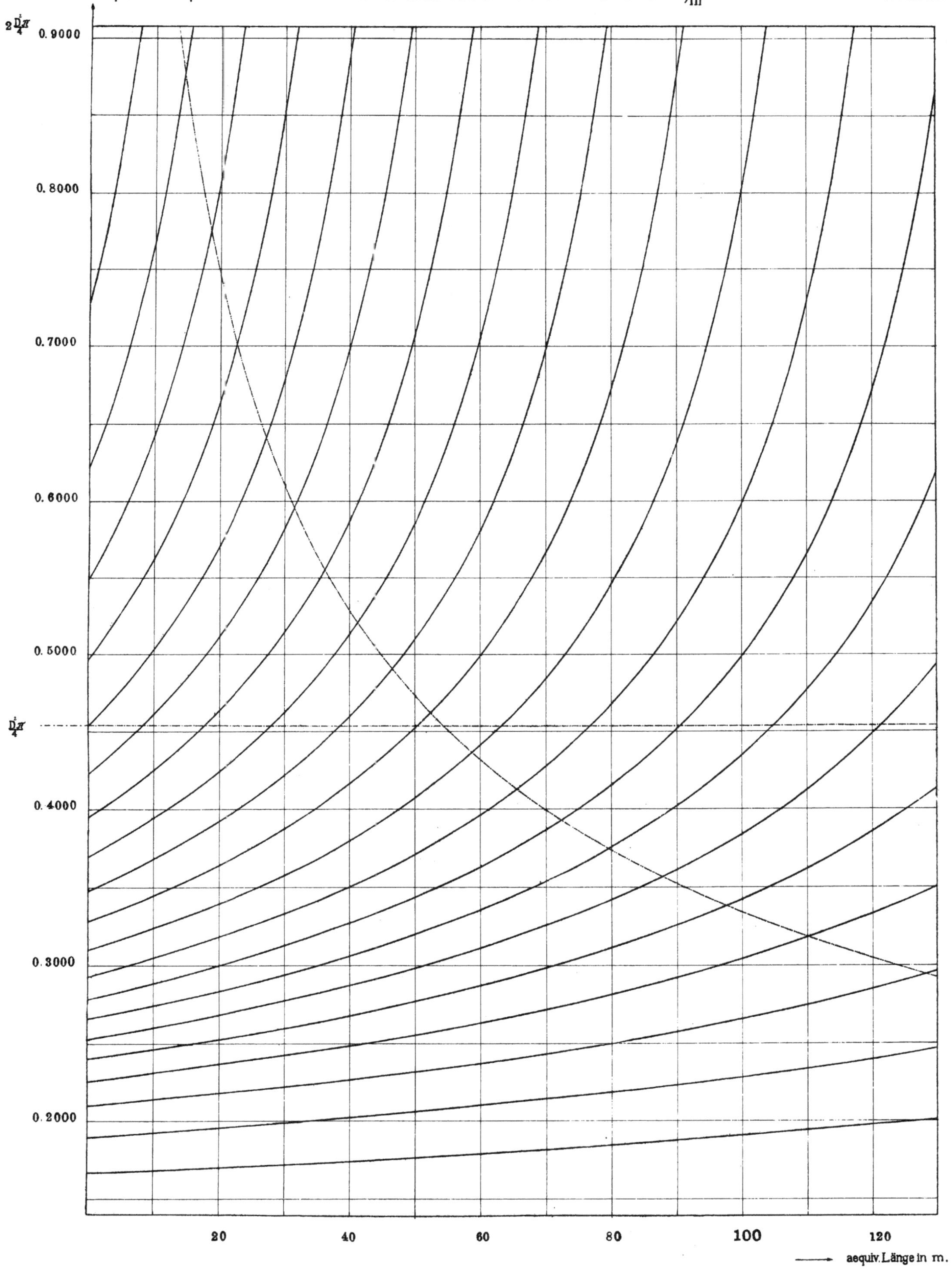

Rohrdurchmesser 780 m/m

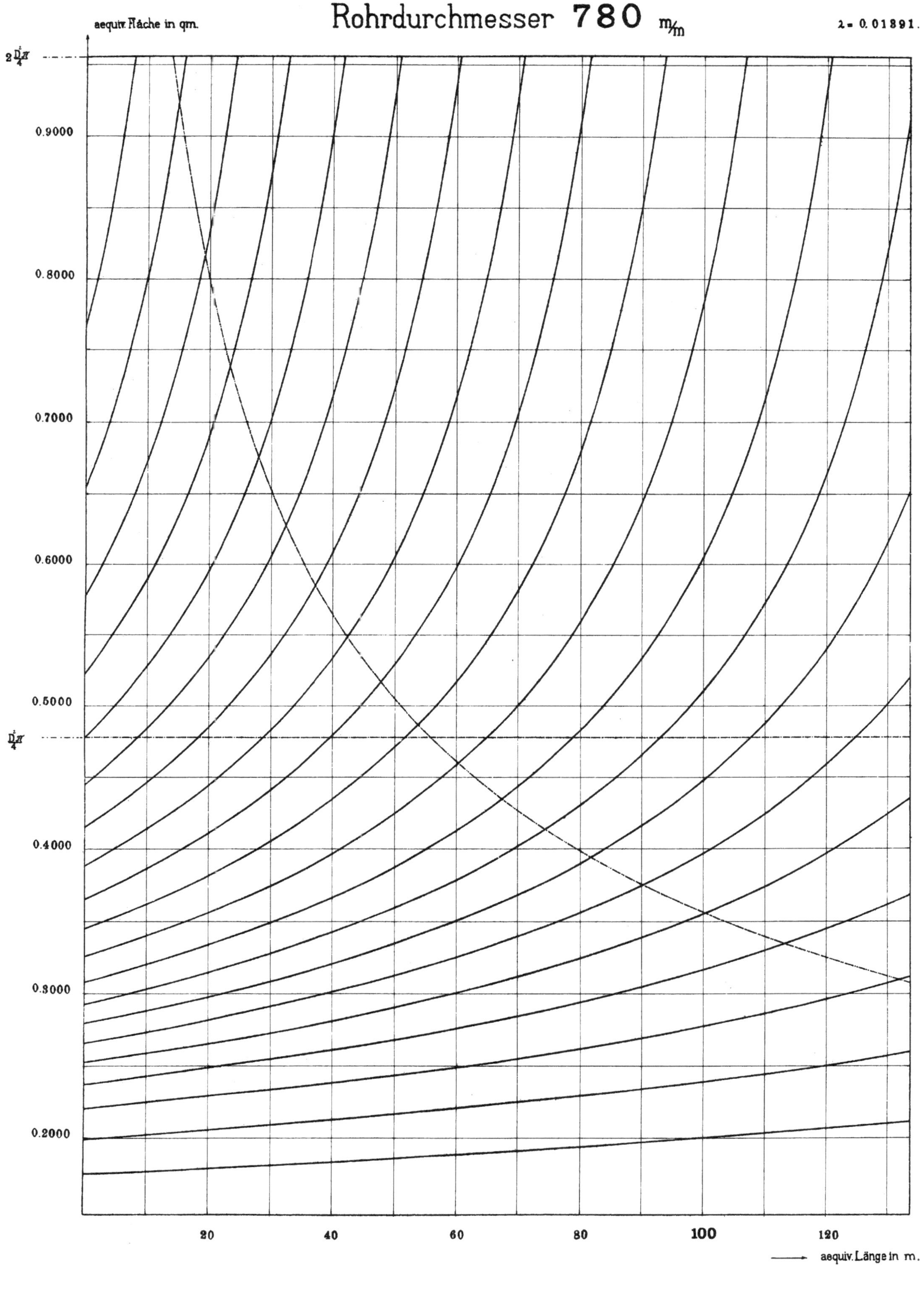

Rohrdurchmesser 800 m/m

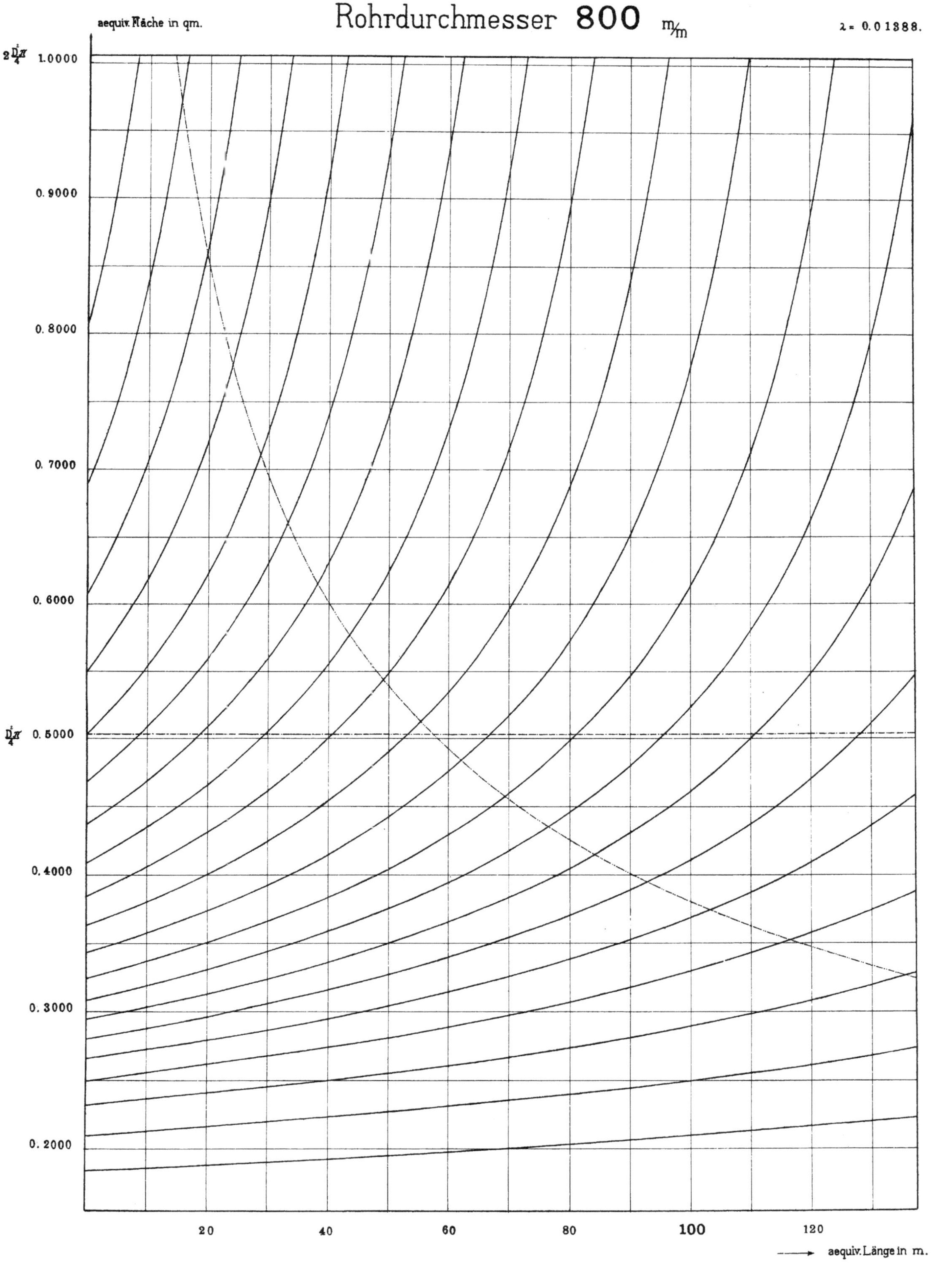

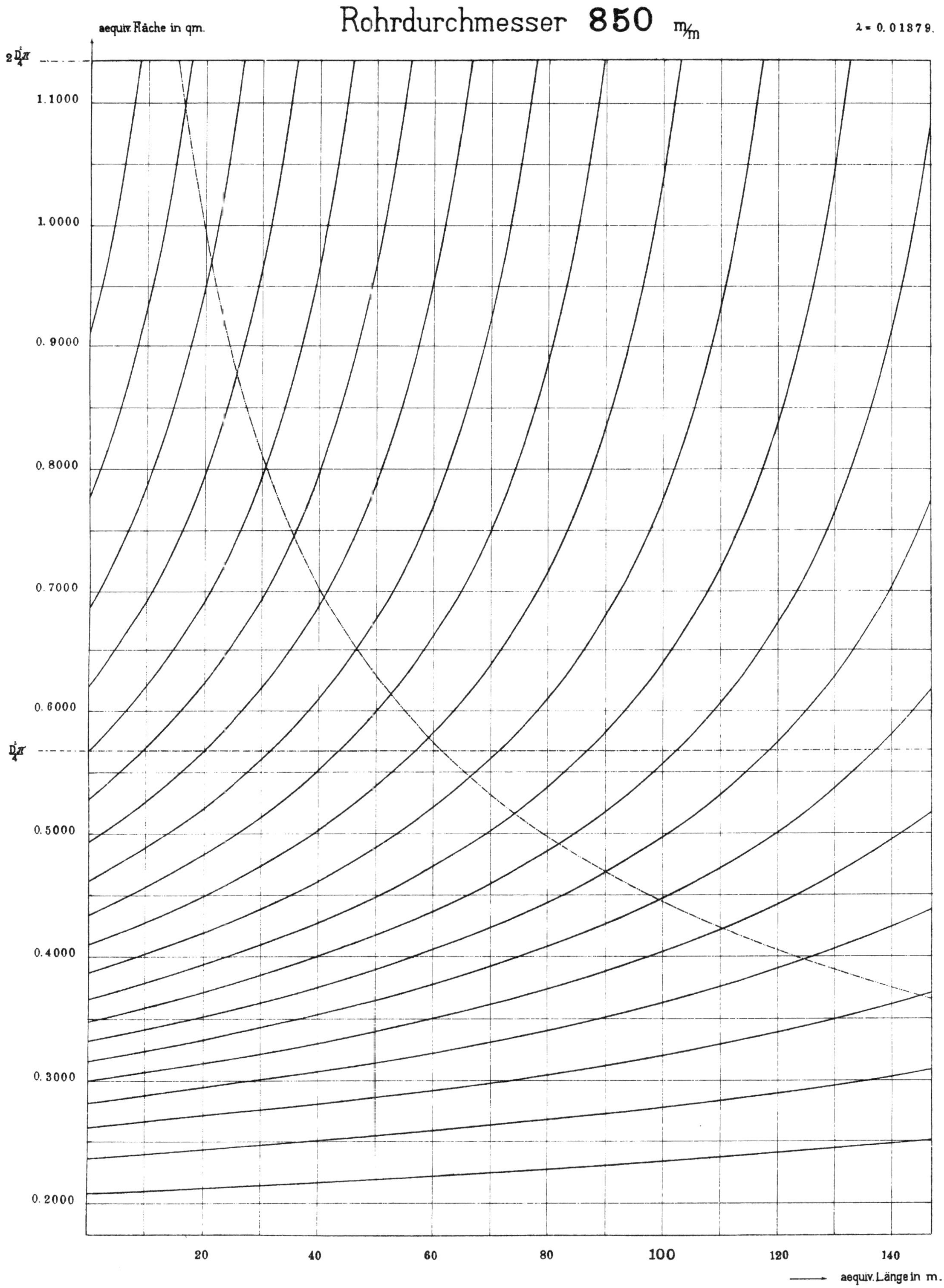
Rohrdurchmesser 850 m/m
aequiv. Fläche in qm.
λ = 0. 01879.
2 D²π/4
1. 1000
1. 0000
0. 9000
0. 8000
0. 7000
0. 6000
D²π/4
0. 5000
0. 4000
0. 3000
0. 2000
20
40
60
80
100
120
140
aequiv. Länge in m.

Rohrdurchmesser 900 m/m

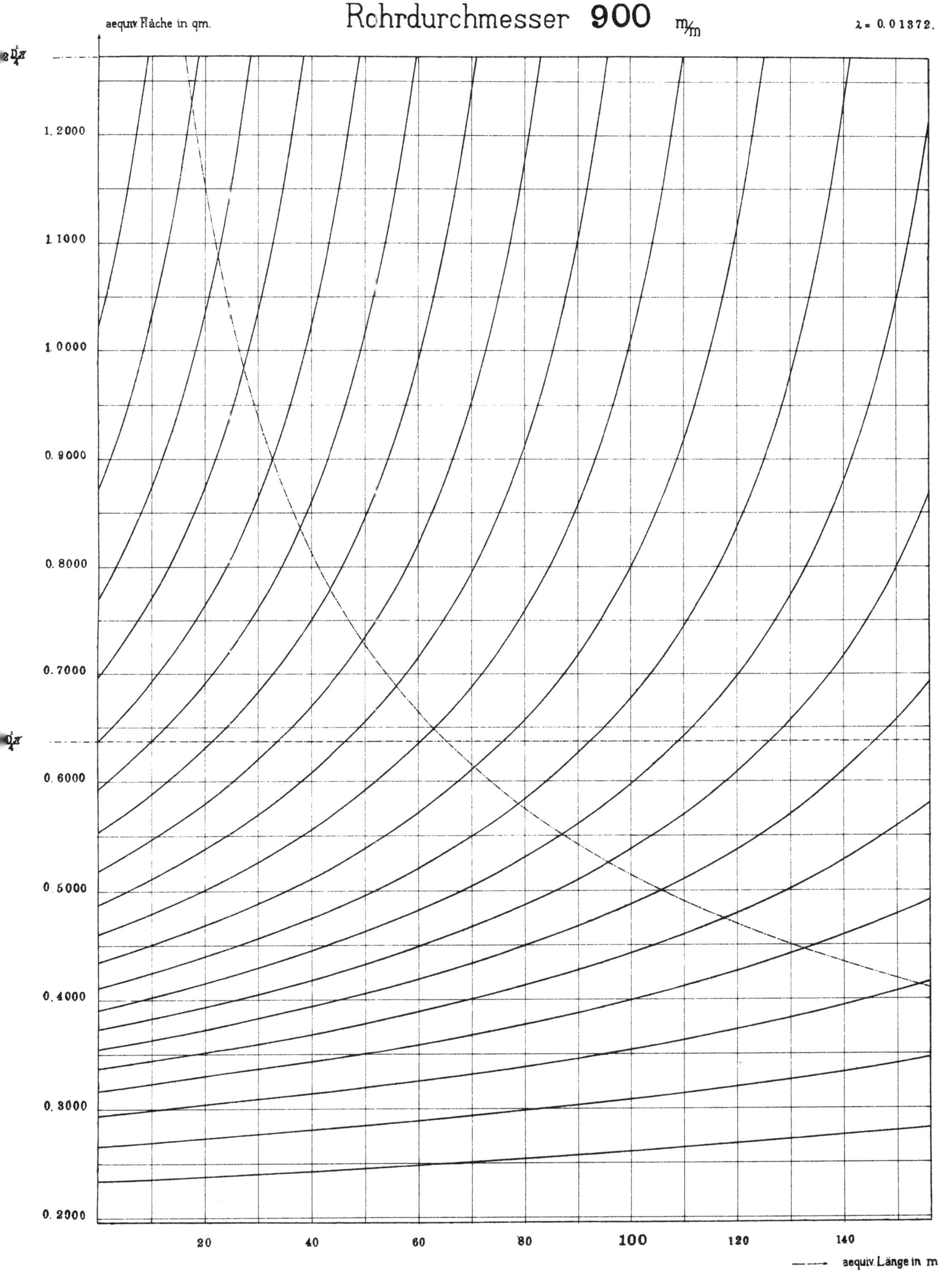

Rohrdurchmesser 950 m/m

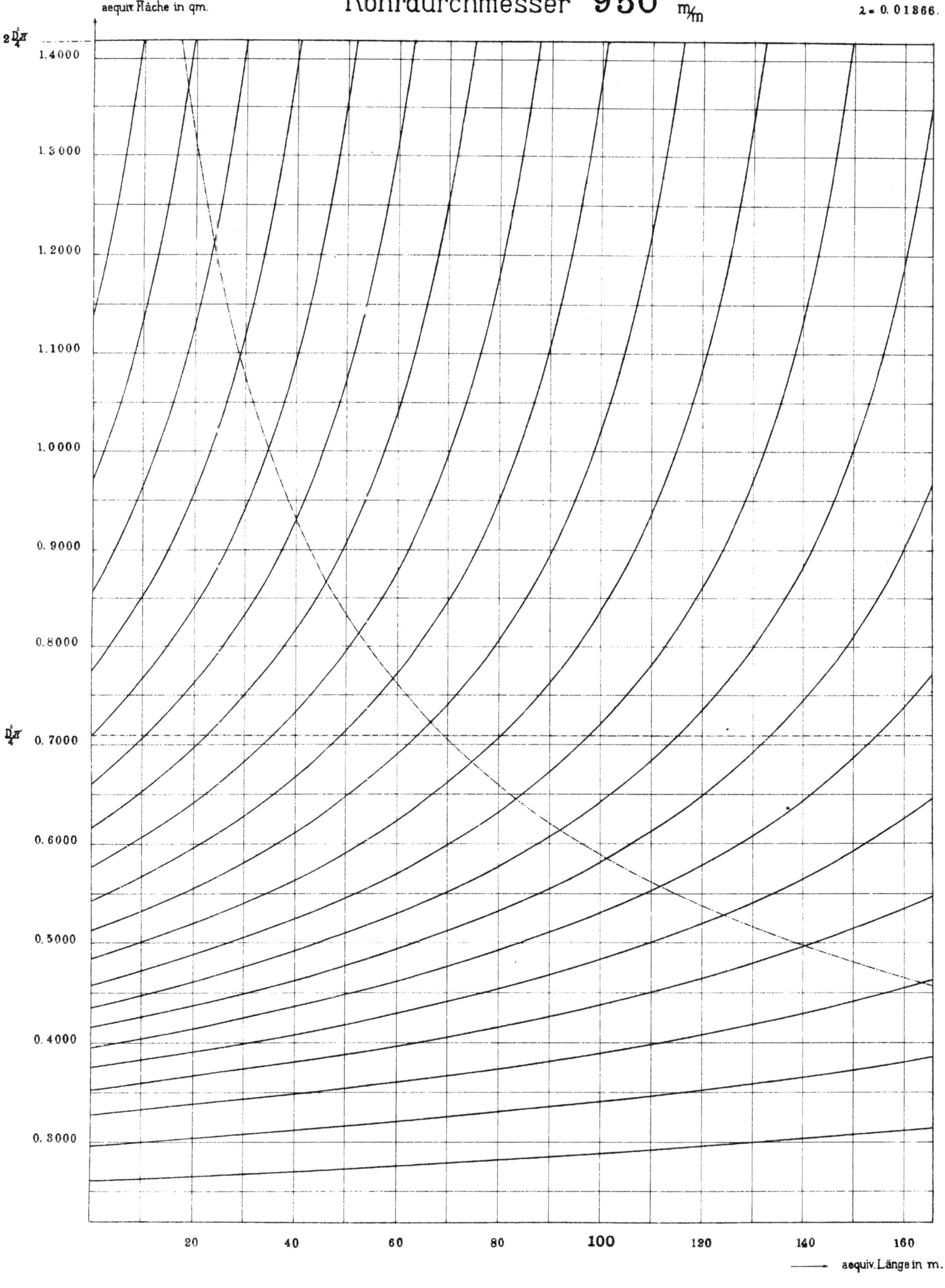

Rohrdurchmesser 1000 m/m

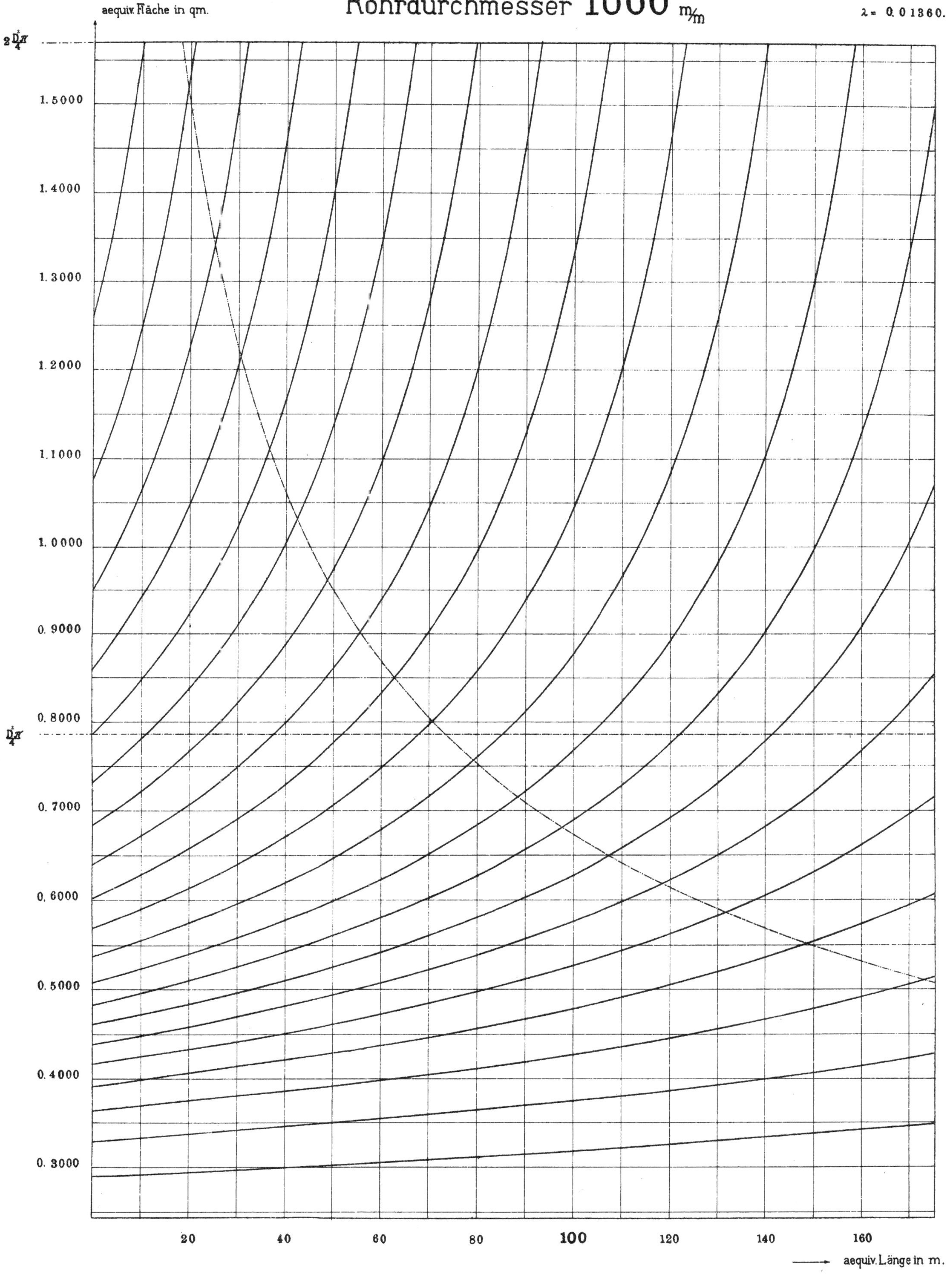

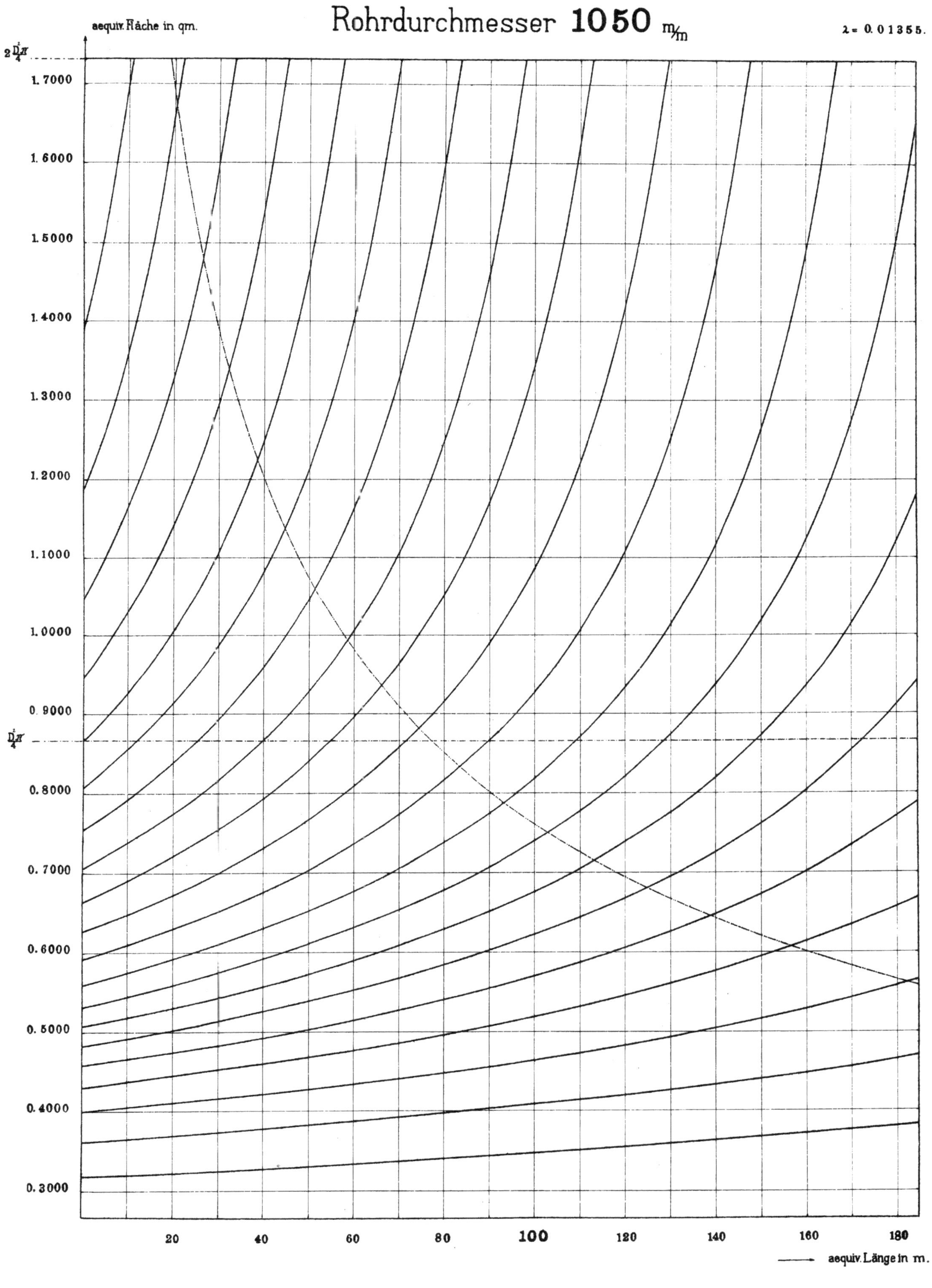
Rohrdurchmesser 1050 m/m
aequiv. Fläche in qm.
λ = 0.01355.
$2\frac{D^2\pi}{4}$
$\frac{D^2\pi}{4}$
1.7000
1.6000
1.5000
1.4000
1.3000
1.2000
1.1000
1.0000
0.9000
0.8000
0.7000
0.6000
0.5000
0.4000
0.3000
20
40
60
80
100
120
140
160
180
aequiv. Länge in m.

Rohrdurchmesser 1100 m/m

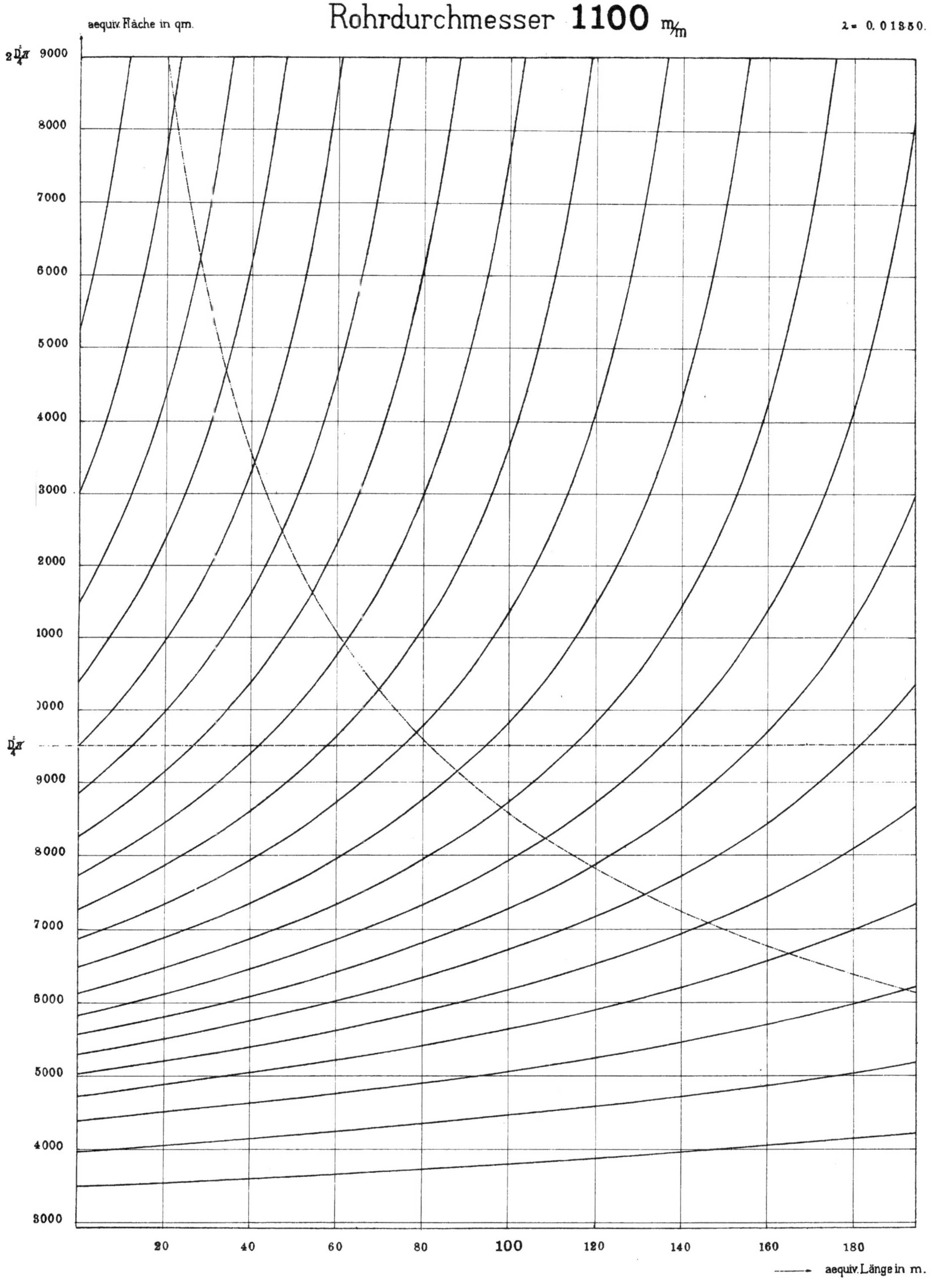

Rohrdurchmesser 1150 m/m

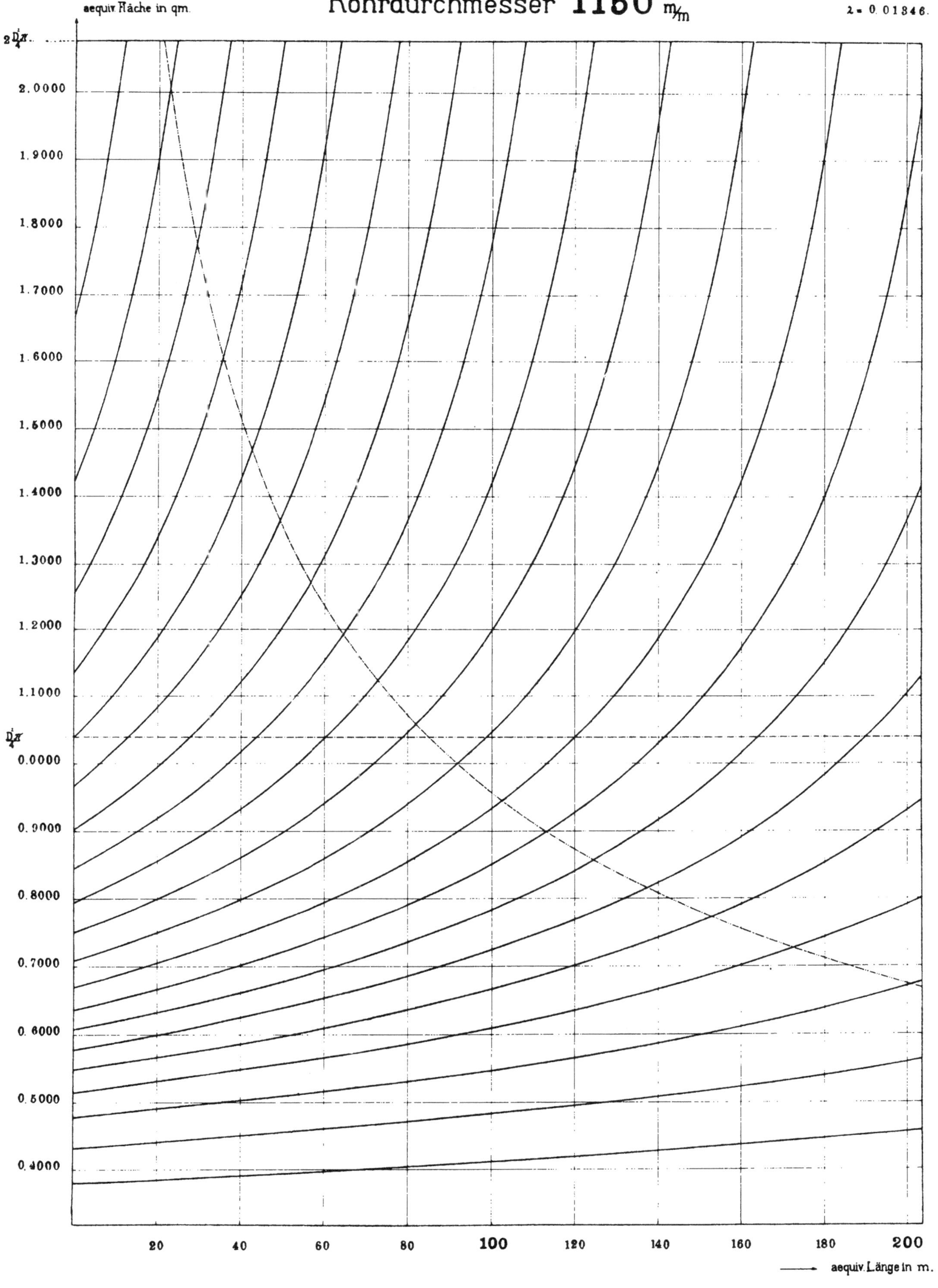

Rohrdurchmesser 1200 m/m

λ = 0.01842.

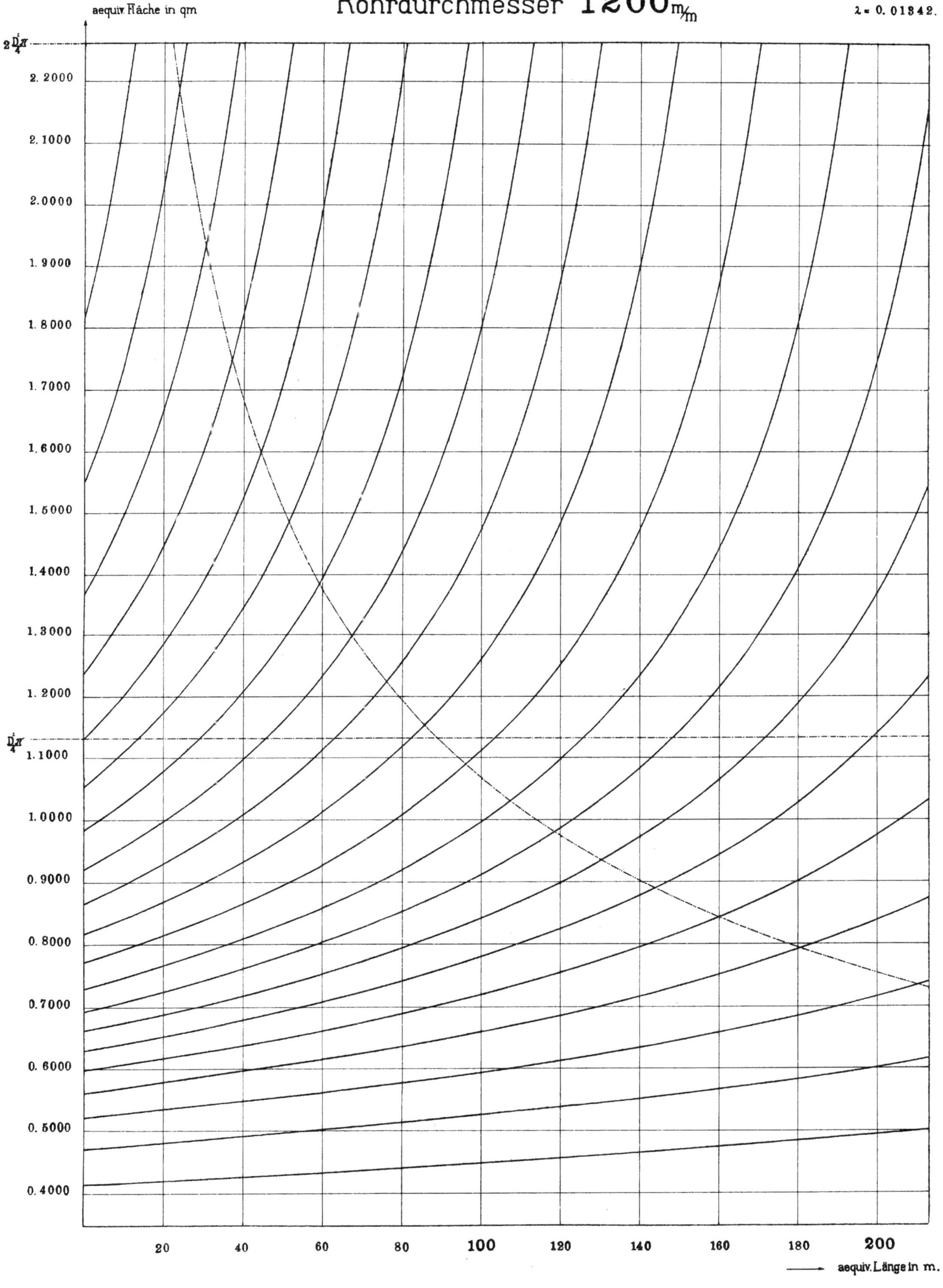

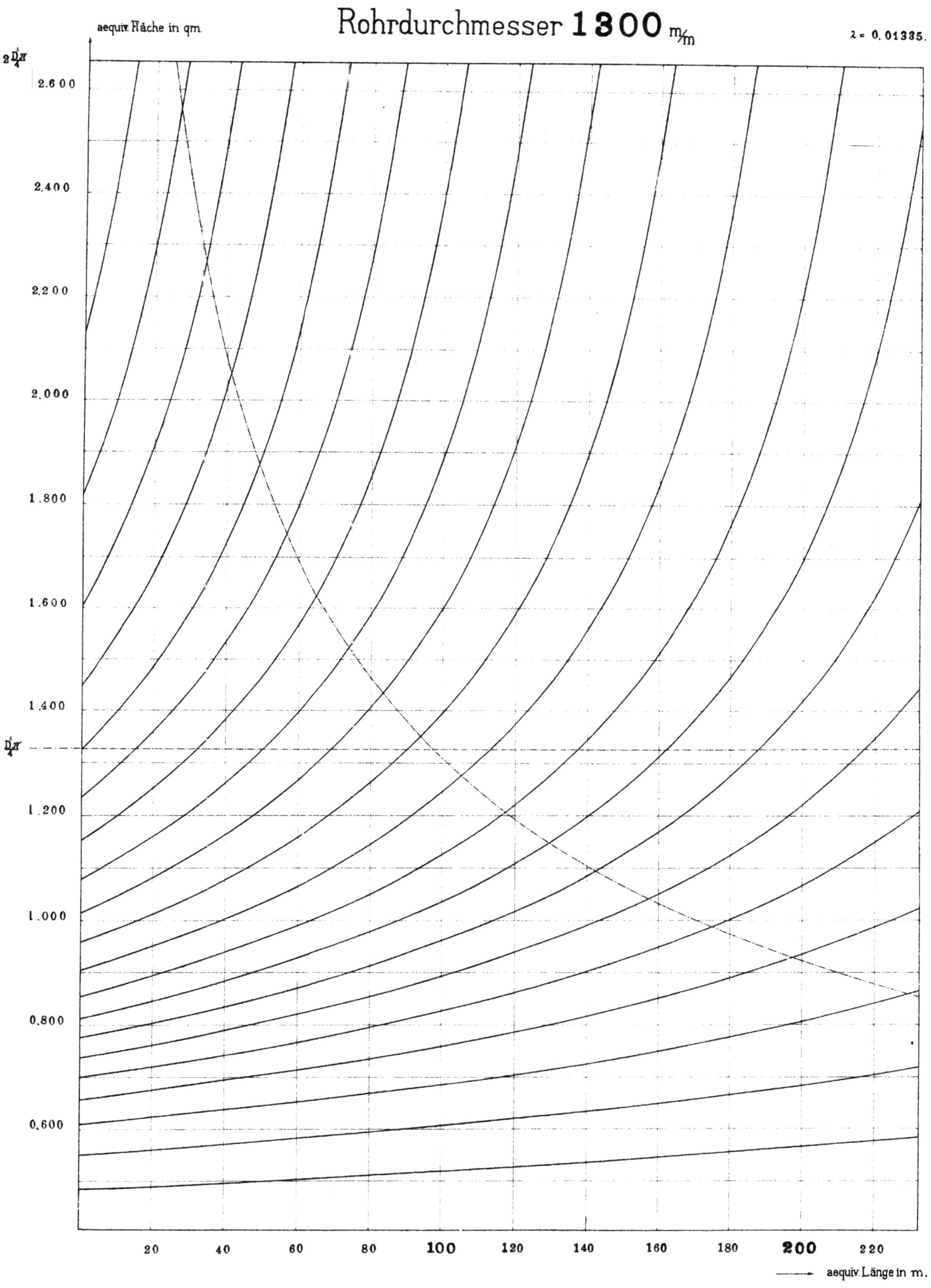
Rohrdurchmesser 1300 m/m
aequiv. Fläche in qm.
λ = 0.01335.
$2\frac{D^2\pi}{4}$
2.600
2.400
2.200
2.000
1.800
1.600
1.400
$\frac{D^2\pi}{4}$
1.200
1.000
0.800
0.600
20
40
60
80
100
120
140
160
180
200
220
aequiv. Länge in m.

Rohrdurchmesser 1400 m/m.

$\lambda = 0.01329.$

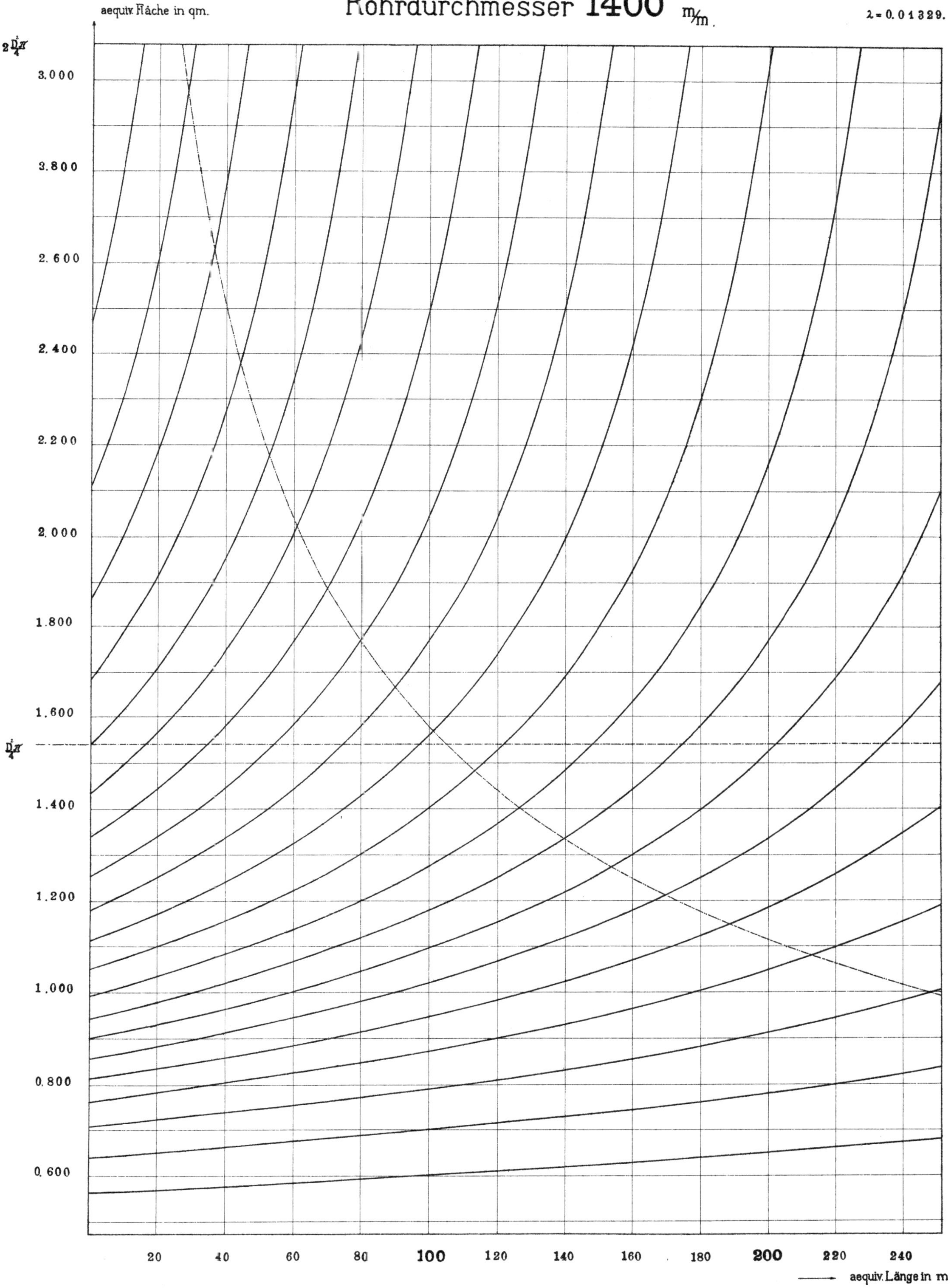

Rohrdurchmesser 1500 m/m

aequiv. Fläche in qm. $\lambda = 0.01323.$

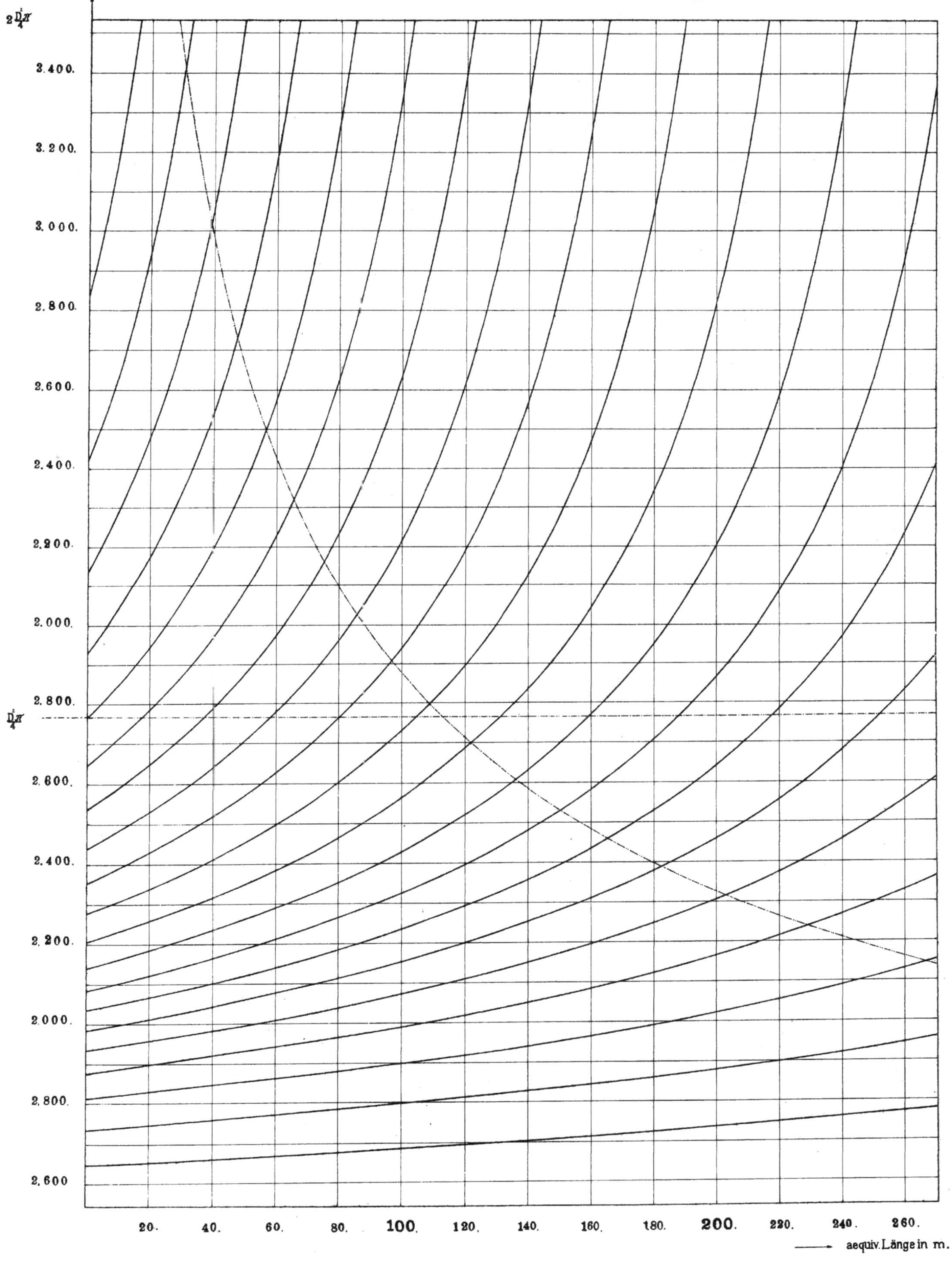

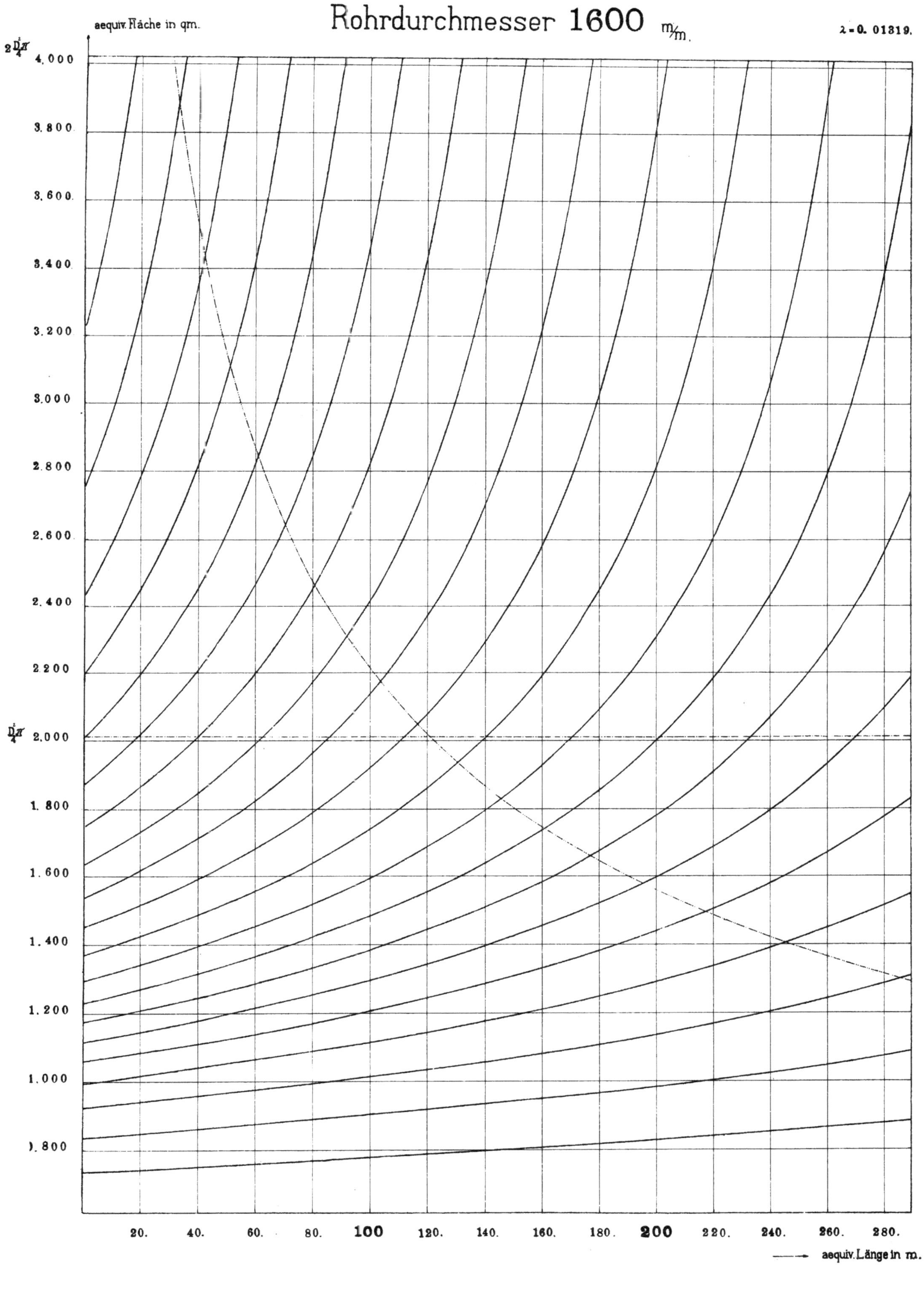

Rohrdurchmesser 1600 m/m.
aequiv. Fläche in qm.
λ = 0. 01319.
2 D²π/4
4.000
3.800
3.600
3.400
3.200
3.000
2.800
2.600
2.400
2200
D²π/4
2.000
1.800
1.600
1.400
1.200
1.000
).800
20.
40.
60.
80.
100
120.
140.
160.
180.
200
220.
240.
260.
280.
aequiv. Länge in m.

Rohrdurchmesser 1700 m/m.

λ = 0.01315.

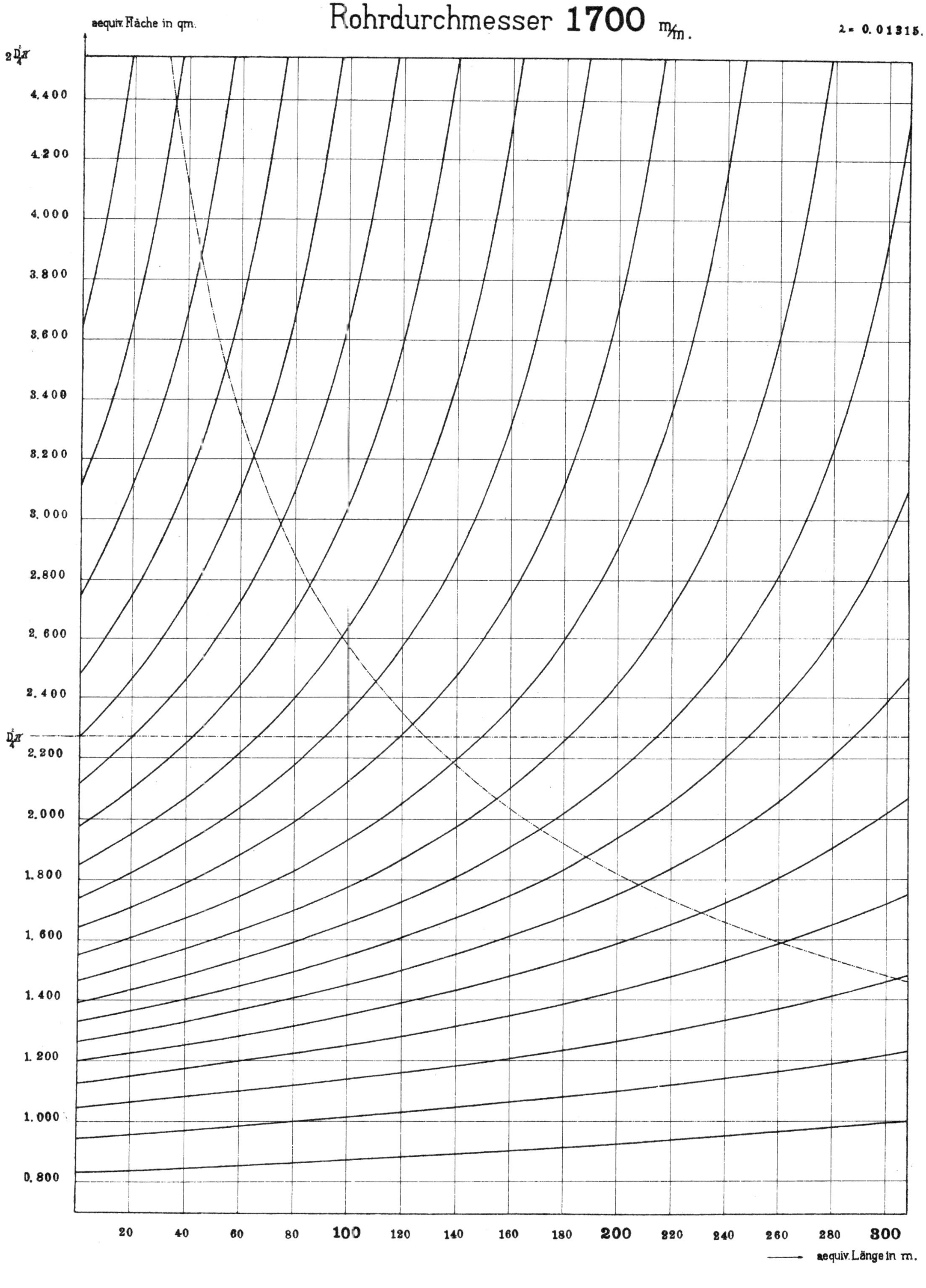

Rohrdurchmesser 1800 m/m

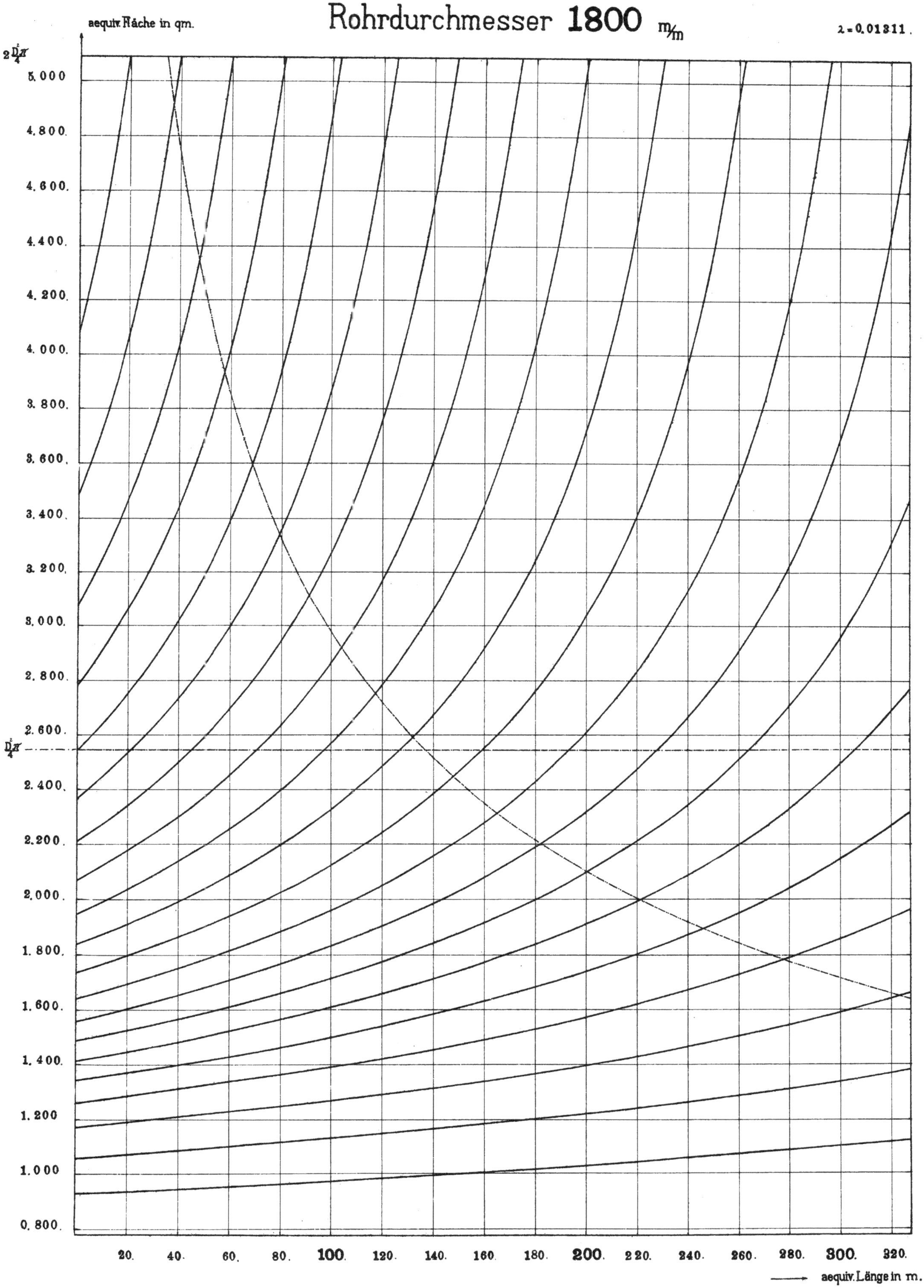

Rohrdurchmesser 1900 m/m.

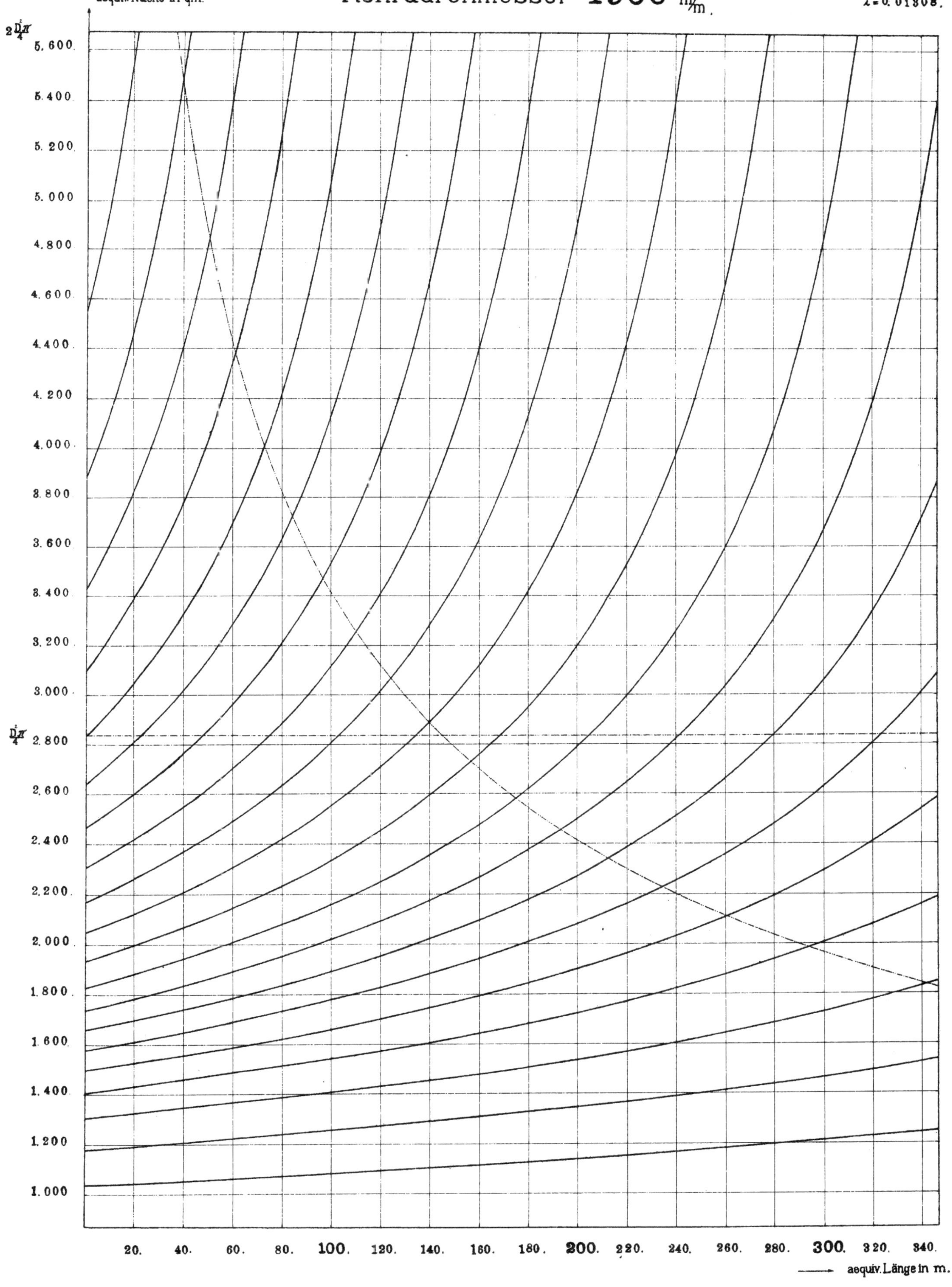

Rohrdurchmesser 2000 m/m

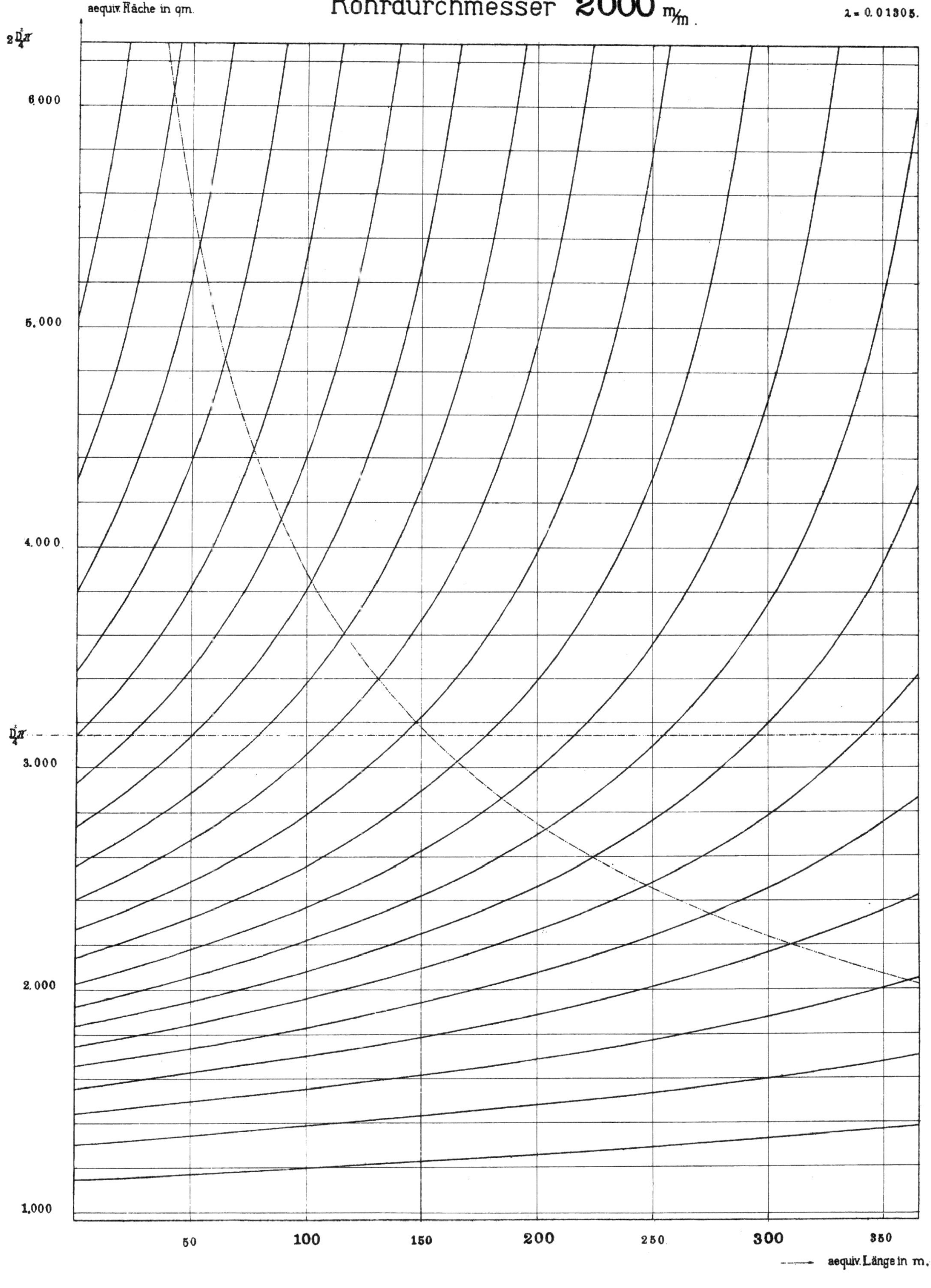

Rohrdurchmesser 2200 m/m

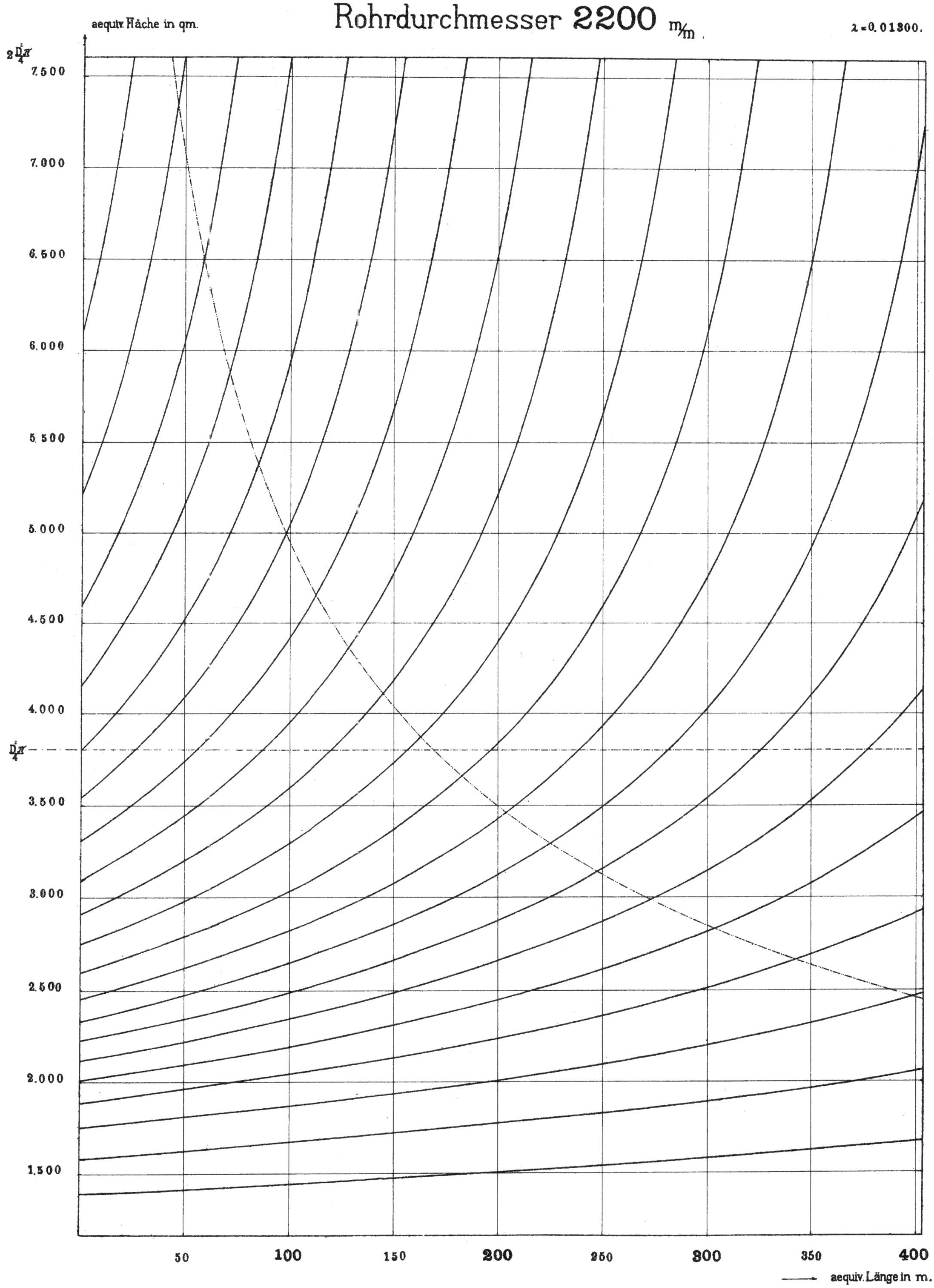

Rchrdurchmesser 2400 m/m

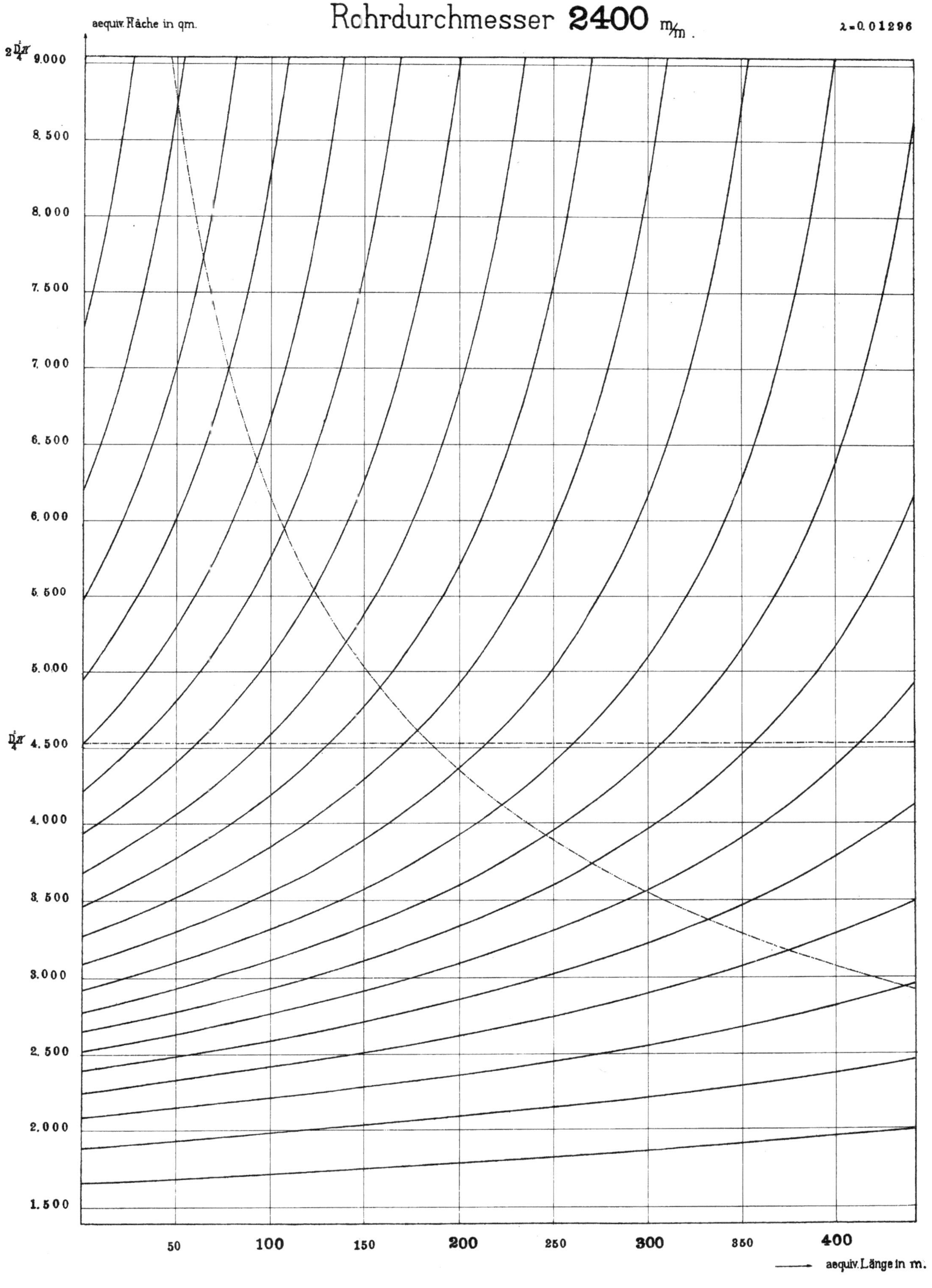

Rohrdurchmesser 2600 m/m.

aequiv. Fläche in qm.

λ = 0.01292.

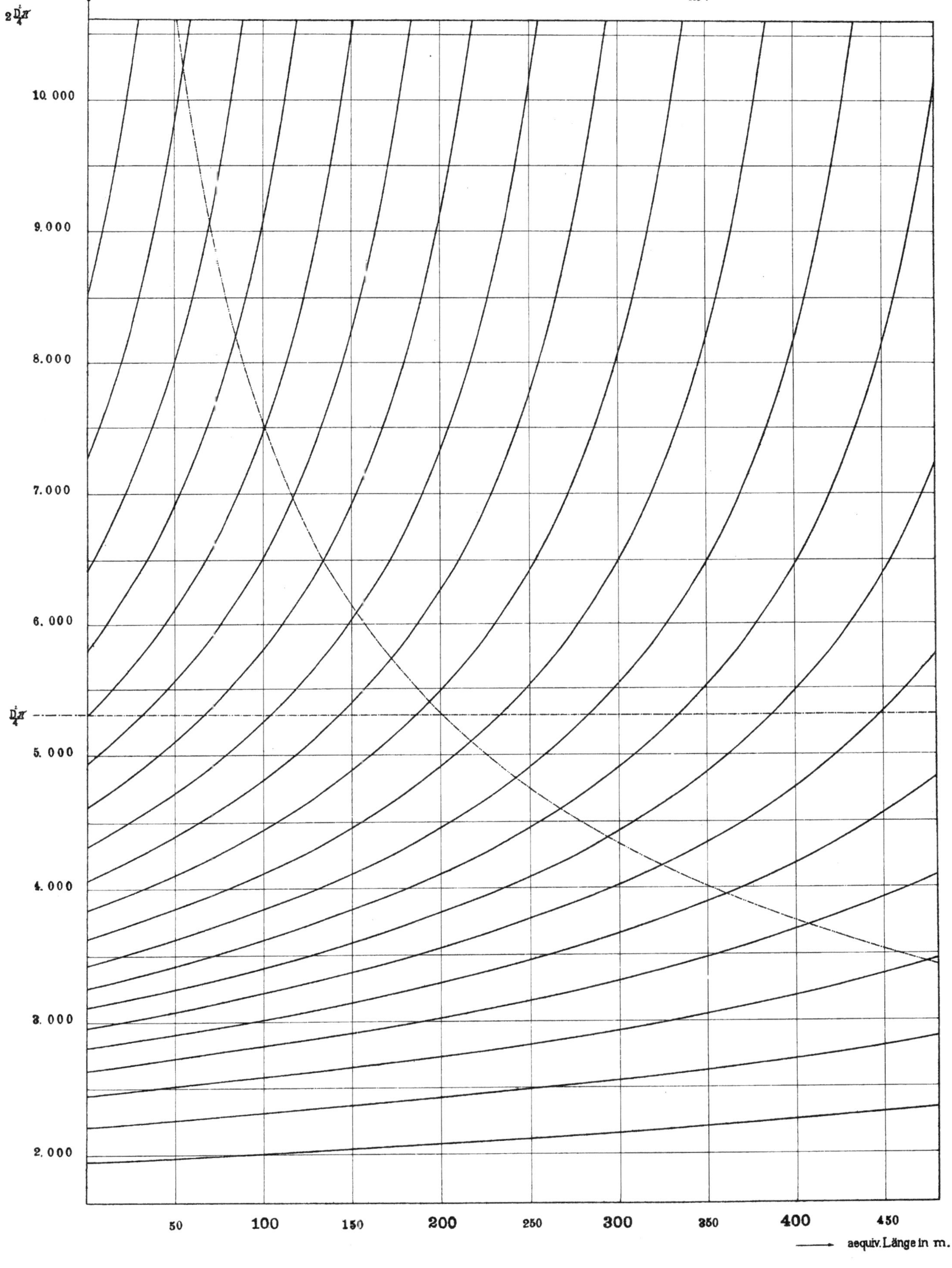

Rohrdurchmesser 2800 m/m.

$\lambda = 0.01289.$

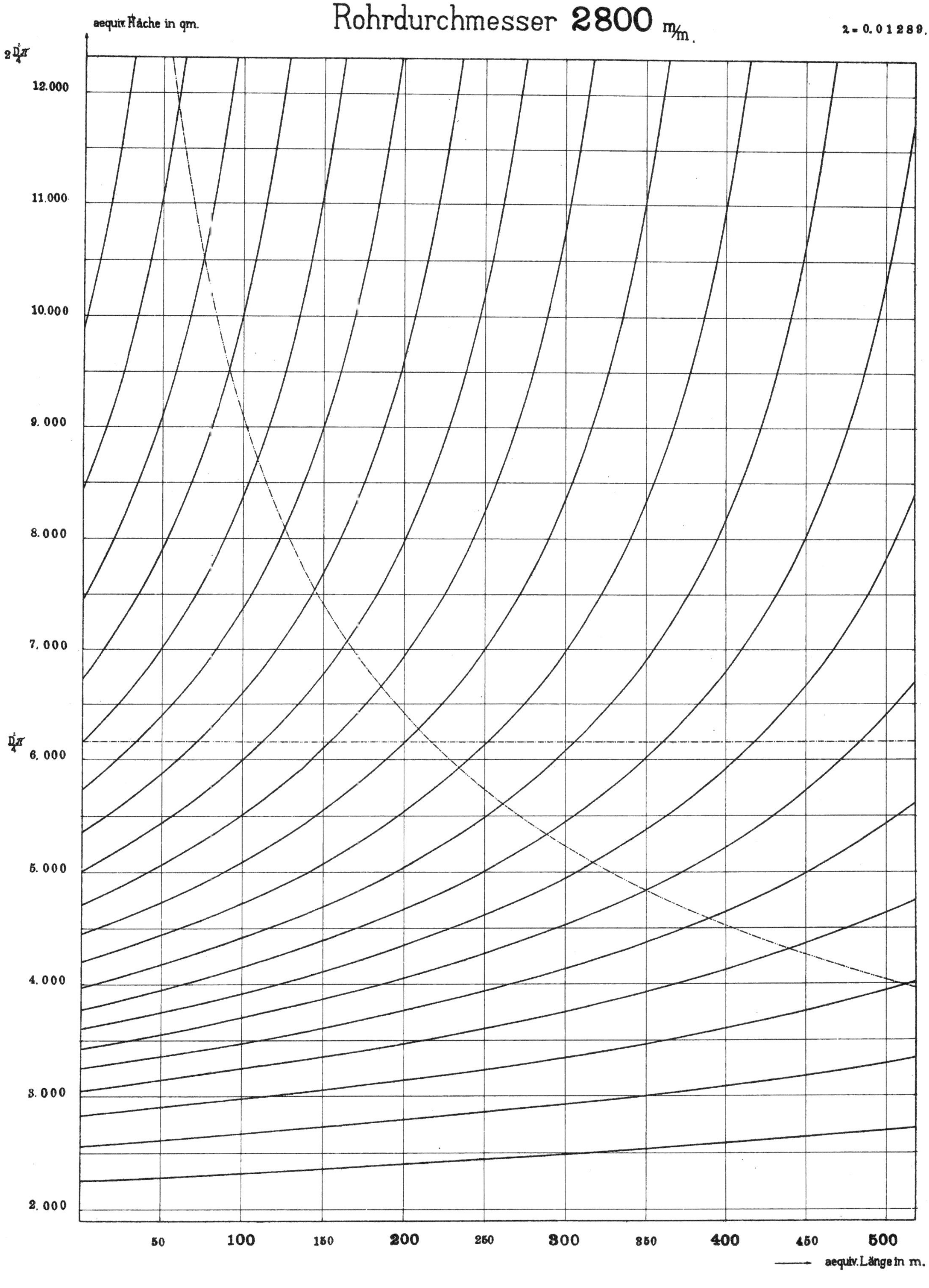

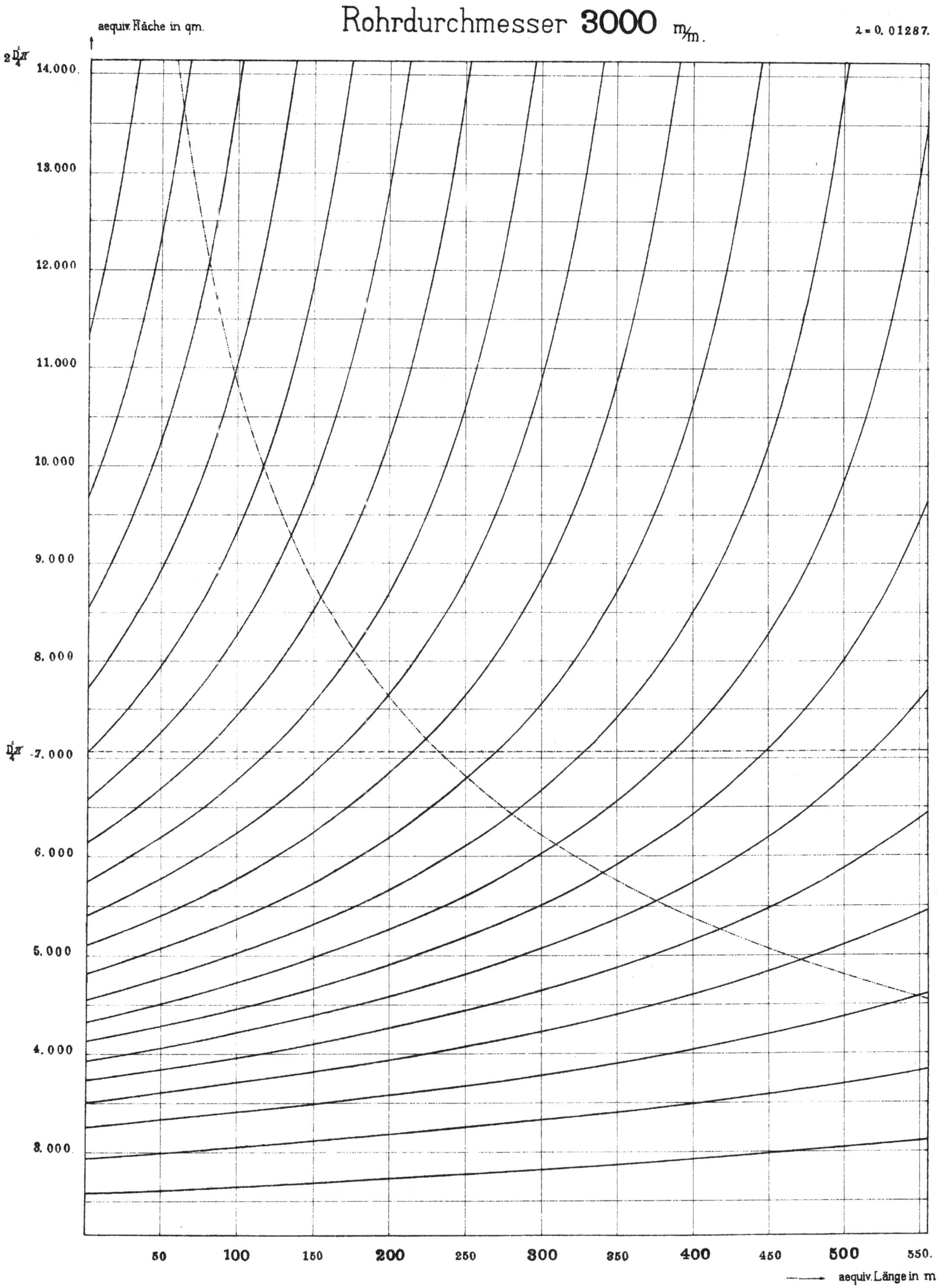

Rohrdurchmesser 3000 m/m.
aequiv. Fläche in qm.
λ = 0. 01287.
2 D²π/4
14.000.
13.000
12.000
11.000
10.000
9.000
8.000
D²π/4 -7.000
6.000
5.000
4.000
3.000.
50
100
150
200
250
300
350
400
450
500
550.
aequiv. Länge in m.

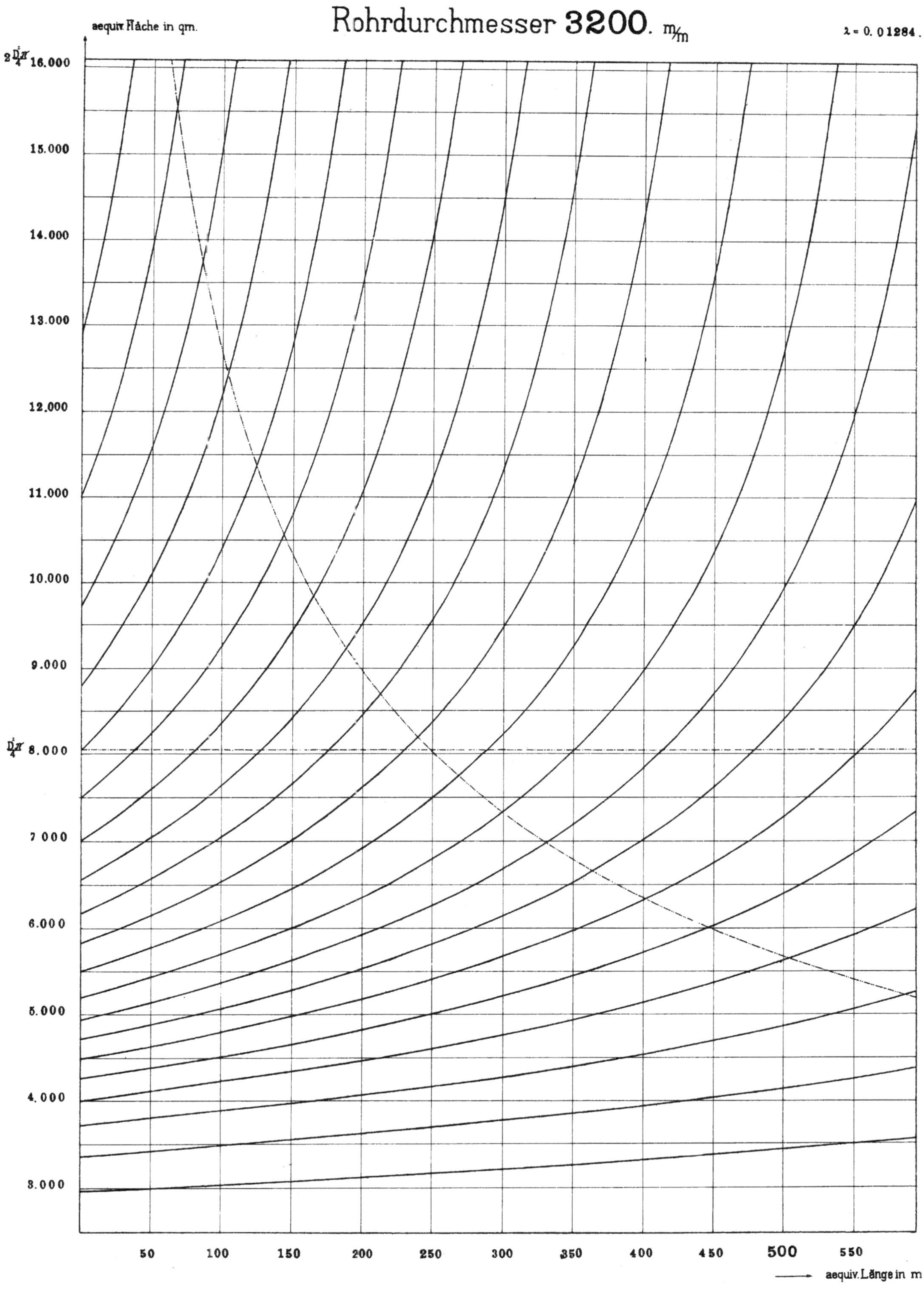
Rohrdurchmesser 3200. m/m
aequiv. Fläche in qm.
λ = 0.01284.
2 D²π/4 16.000
15.000
14.000
13.000
12.000
11.000
10.000
9.000
D²π/4 8.000
7000
6.000
5.000
4.000
3.000
50
100
150
200
250
300
350
400
450
500
550
aequiv. Länge in m

Rohrdurchmesser 3400 m/m.

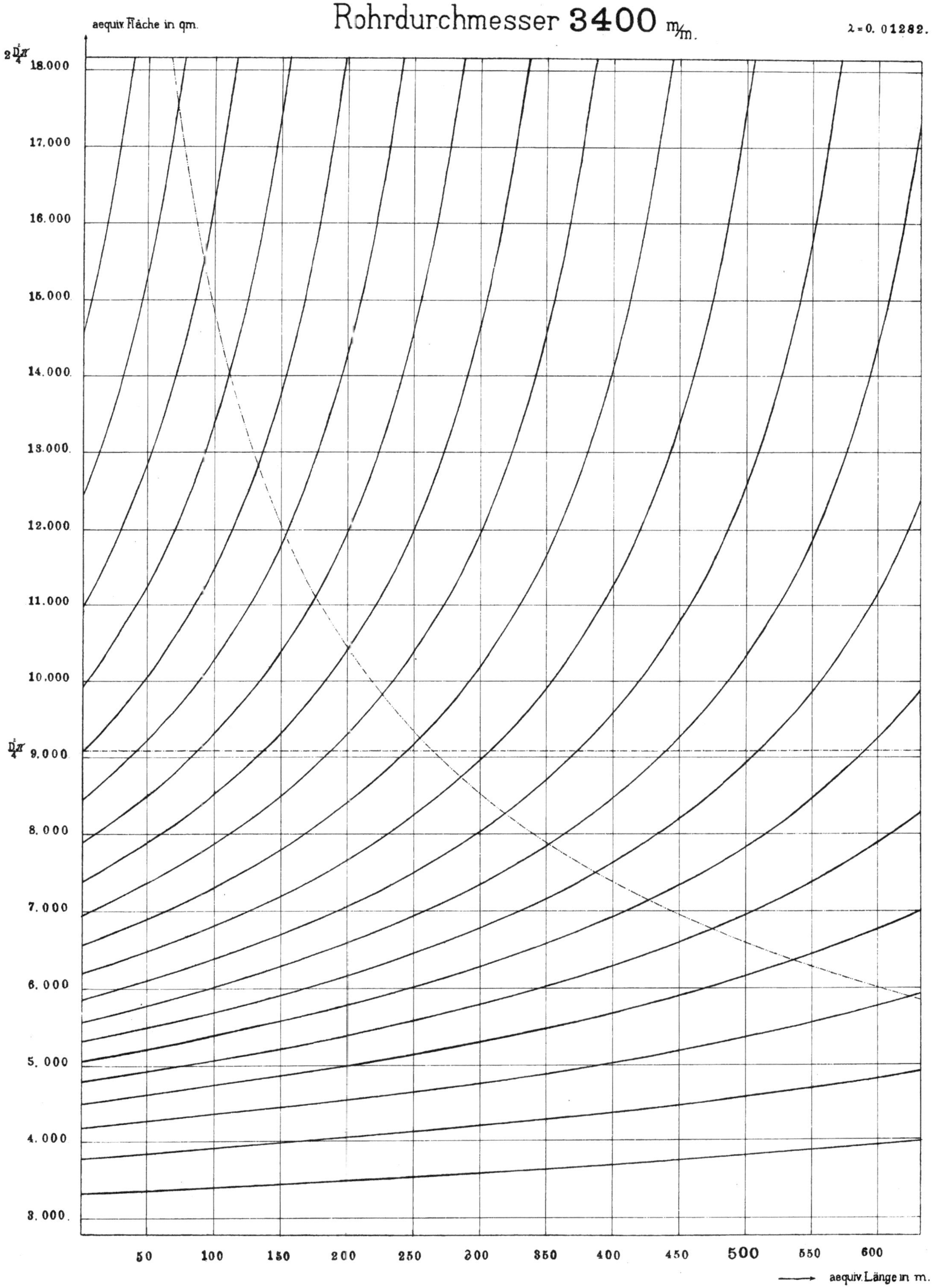

Rohrdurchmesser 3600 m/m.

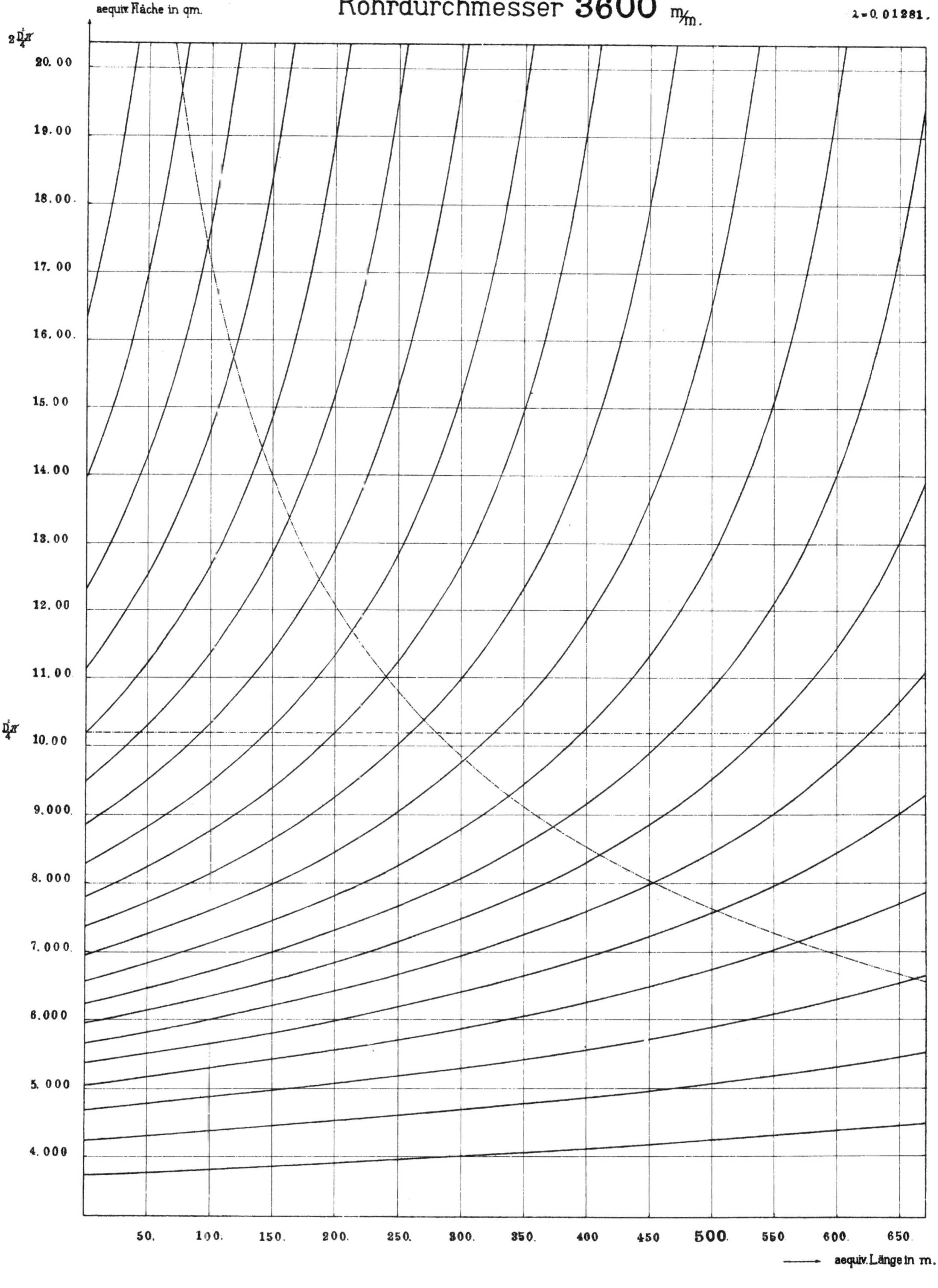

Rohrdurchmesser 3800 m/m

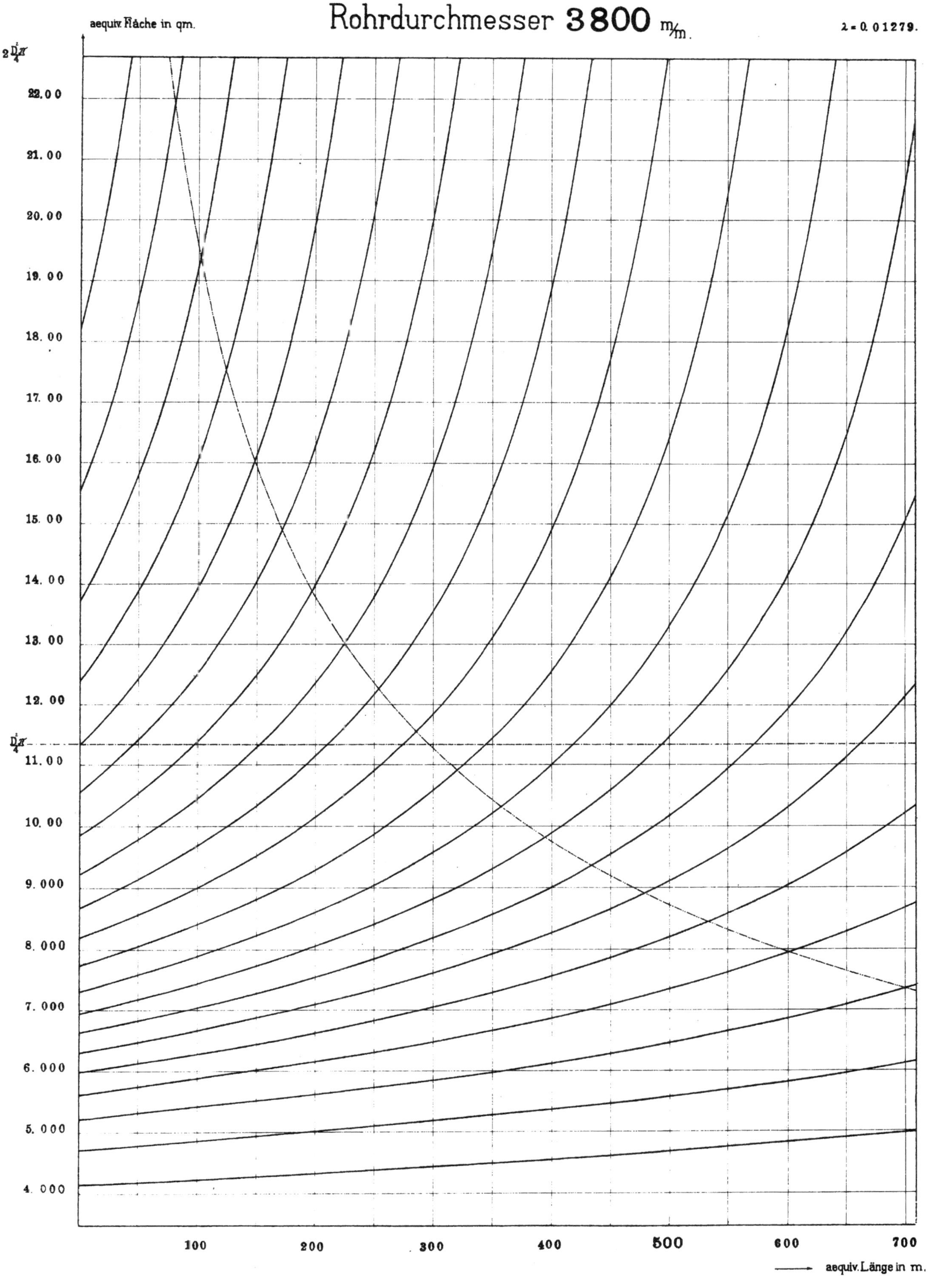

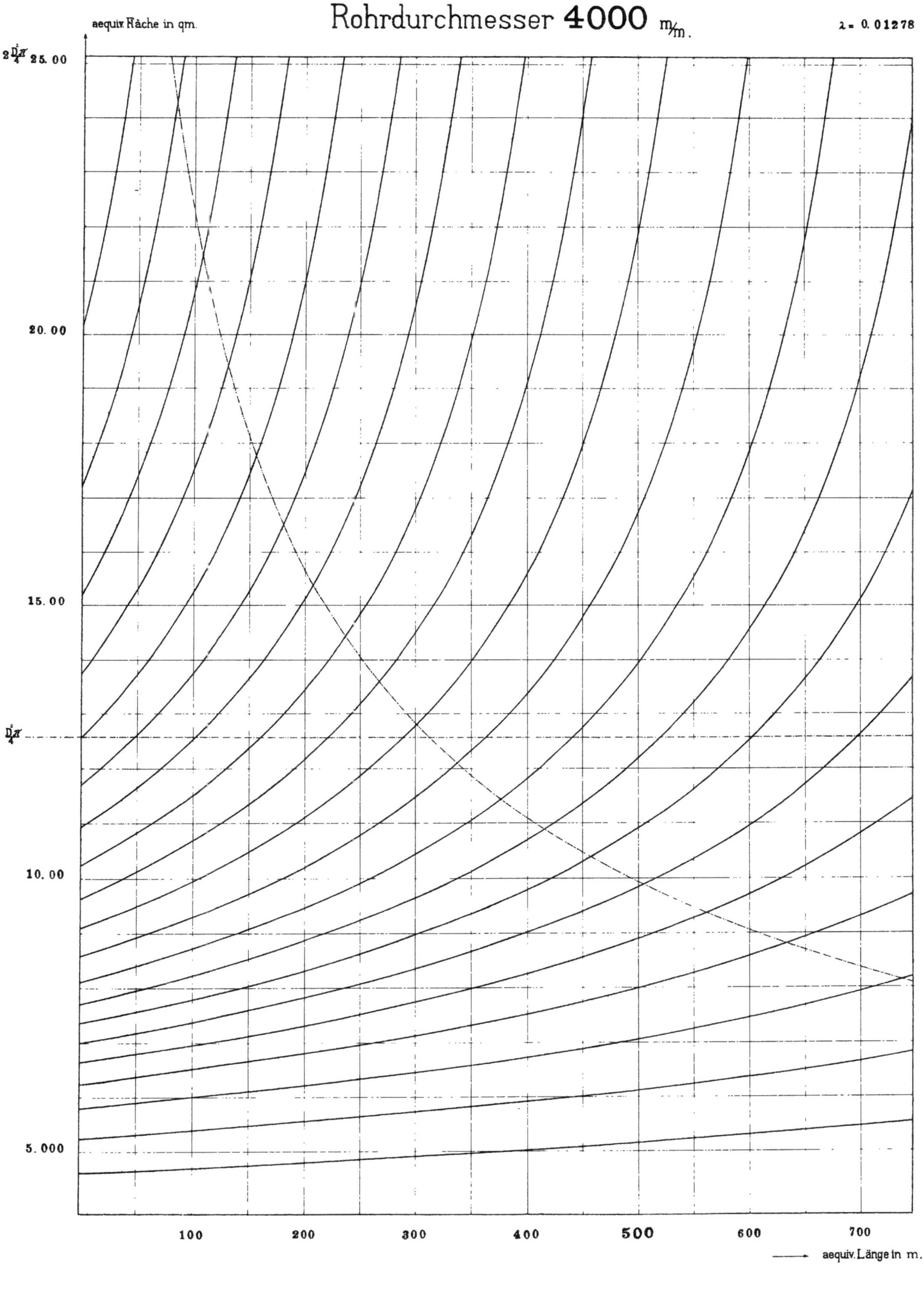
Rohrdurchmesser 4000 m/m.
aequiv. Fläche in qm.
λ = 0.01278
$2\frac{D^2\pi}{4}$ 25.00
20.00
15.00
$\frac{D^2\pi}{4}$
10.00
5.000
100
200
300
400
500
600
700
aequiv. Länge in m.

www.ingramcontent.com/pod-product-compliance
Lightning Source LLC
LaVergne TN
LVHW081349011026
849161LV00013BB/3031
9783486740424